中国电子教育学会高教分会推荐·计算机系列教材
高等学校新工科应用型人才培养“十三五”规划教材

C++ STL
——数据结构与算法实现

余文溪　黄襄念　编著

西安电子科技大学出版社

内 容 简 介

数据结构与算法一直是计算机科学与技术专业的核心课程，数据结构描述数据的组织方式，算法则在此基础上搭建高效的求解方法。STL(Standard Template Library，标准模板库)是运用泛型编程思想实现的C++ 模板库，提供了包括容器、算法、迭代器等在内的丰富组件，涵盖和实现了大多数的数据结构以及诸多通用泛型算法。本书共10章，全面系统地介绍了C++ 的模板技术、输入/输出流、字符串、容器以及各类通用算法、函数对象、数值数组等内容，并通过大量的示例及分析使读者理解并应用数据结构与算法的STL实现，体会STL的精妙设计。

本书配套提供了课件、示例程序、习题解答等教辅材料，精心设计了许多教学提示和知识总结。对于学习数据结构与算法和C++ 泛型编程的大专院校计算机专业本科生及研究生来说，本书非常适合作为他们的数据结构教材或教学参考书；对于相关的专业技术人员而言，本书也是一本很好的参考读物。

图书在版编目(CIP)数据

C++ STL——数据结构与算法实现 / 余文溪，黄襄念编著. —西安：西安电子科技大学出版社，2020.4

ISBN 978–7–5606–5628–1

Ⅰ. ① C…　Ⅱ. ① 余…　② 黄…　Ⅲ. ① C语言—程序设计　Ⅳ. ① TP312.8

中国版本图书馆CIP数据核字(2020)第046343号

策划编辑　李惠萍
责任编辑　唐小玉
出版发行　西安电子科技大学出版社(西安市太白南路2号)
电　　话　(029)88242885　88201467
邮　　编　710071
网　　址　www.xduph.com
电子邮箱　xdupfxb001@163.com
经　　销　新华书店
印刷单位　陕西精工印务有限公司
版　　次　2020年4月第1版　2020年4月第1次印刷
开　　本　787毫米×1092毫米　1/16　印张15
字　　数　351千字
印　　数　1～3000册
定　　价　37.00元
ISBN　978–7–5606–5628–1 / TN

XDUP 5930001–1

前　　言

C++ STL(标准模板库)是 C++ 标准库的重要组成部分，应用非常广泛，集中体现了 C++ 泛型编程的思想，以模板的形式提供了对数据结构的封装以及对常用算法的实现。在 STL 提供的组件中，容器、迭代器和算法被认为是 STL 的三大件。正所谓“不要重复发明轮子”，运用这些组件进行程序开发可以避免重复实现简单的容器与常用算法，使得代码的执行效率、可维护性大大提高。但是一方面，许多人只关心如何使用 STL 标准模板库，而不理解其背后的设计方法和理论基础；另一方面，在大学的数据结构和算法课程中，学生听懂了理论知识但在实践中却难以入手。因此，本书力求从应用的角度去讲 STL 的用法，再从基础的角度去探讨 STL 的设计，说明数据结构与算法知识的实现；使读者不仅要会使用轮子，也要能一窥轮子的究竟。

本书是作者在长期从事 C++ 泛型程序设计和数据结构与算法课程的教学过程中，总结教学经验，充分结合课程需要与学生实际学习效果编撰而成的一本教材。全书分为十章：

第一章介绍 STL 的背景知识与组件构成。

第二章介绍泛型编程的思想以及 C++ 模板技术、模板特化与操作符重载。

第三章介绍 STL 的输入/输出流，包括标准输入/输出流、文件输入/输出流与字符串输入/输出流。

第四章介绍字符串类的创建、迭代器、元素访问、修改及查找等常用功能。

第五章是全书的一个重要章节，介绍了 STL 的重要组件——容器，从底层数据结构的角度出发，通过大量示例与代码分析及实验验证等环节，引领读者逐步掌握并灵活运用 STL 的各类通用容器，包括顺序容器(vector、deque、list)、关联容器(set、map、unordered_set 等)及容器适配器(stack、 priority_queue)。

第六章是全书后半部分关于 STL 泛型算法知识的总概性章节，介绍了迭代器、谓词与算法分类。

第七章介绍了非可变序列算法，包括用于循环、查询、计数与比较的泛型算法。

第八章介绍了可变序列算法，包括但不限于写入类的copy、transform、swap、

fill、generate、replace算法以及重排类的move、unique、reverse、rotate、partition、random_shuffle等算法。

第九章单独介绍了排序类的相关算法以及在有序集基础上的操作算法。

第十章介绍了用于数值计算的数值算法以及预定义函数对象和数值数组类。

应该说，最好的学习方法就是实践和练习，因此本书采取了代码引领理论的讲述方式。全书提供了大量的例程，这些例程代码在编译后都可以运行，每个例程的输出结果都做了说明，对例程的关键代码还进行了重点分析与阐述。围绕典型数据结构的 STL 实现，本书从多角度去分析不同容器的实现方式和底层数据的组织方式，适时地给出一些图表和数据结构基础知识的回顾并加以综合理解；围绕典型算法实现，本书在介绍算法功能及调用形式的基础上，尝试对部分算法进行分析与拆解，跟读者一道去领会算法的设计思想、代码逻辑和算法效率，从而获得程序设计能力的提升。

在本书的编写过程中，作者参阅了相关参考文献及网络资料，并引用了一些相关文字和例程，在此谨向这些文献资料的作者表示衷心的感谢。

由于作者水平有限，时间紧迫，书中难免存在疏漏，在此恳请各位读者指出并不吝赐教，不胜感激。

如需查看本书配套资源，可扫描封底二维码，上网获取。

编　者

2019 年 12 月

目　录

第一章　C++STL 概述

模板是 C++ 泛型编程的基础。C++ STL(标准模板库)由一系列功能强大的 C++通用模板类和函数所组成，这些模板类和函数实现了常用的算法和数据结构。STL 是众多技术人员经验的结晶，给 C++ 程序员提供了一个可扩展的应用框架，使得程序员可以直接使用这些标准化的组件，提高了程序开发效率和代码质量。本章从多个方面对 STL 进行了介绍，包括 STL 的简要发展历史、STL 组件、泛型编程及 STL 头文件和命名空间的知识。

本章主要内容

- STL 组件；
- 泛型编程与 STL；
- STL 的头文件；
- STL 的命名空间。

1.1　C++STL 导言

C++ 由 C 语言发展而来。1983 年，贝尔实验室的 Bjarne Stroustrup 博士及其同事参考了 Simula 67 语言的类的语素，对 C 语言进行了扩充，增加了面向对象的机制，称为 C with Classes(包含类的 C 语言)。早期的 C++ 只是通过继承机制来开发泛型库，存在较多的局限性。为了应对泛型编程的需要，Bjarne Stroustrup 从 Ada 语言中借鉴泛型编程思想，为 C++ 引入了模板编程，以简化 C++ 泛型库的开发。STL 之父 Alexander Stepanov 与 Meng Lee、David R Musser 合作，最终实现了 HP STL。随后在 ANSI/ISO C++ 的标准化过程中，STL 被接纳到 C++ 标准中，成为 C++ 标准的一个非常重要的组成部分。STL 是 Standard Template Library 的缩写，中文译为“标准模板库”，它是众多技术人员经验的结晶，封装了诸如栈、队列、堆、树等数据结构和算法，使程序员不用重复开发便可以直接使用，提高了程序开发的效率和代码质量。

STL 库与 C++ 标准库之间的关系如图 1-1 所示。

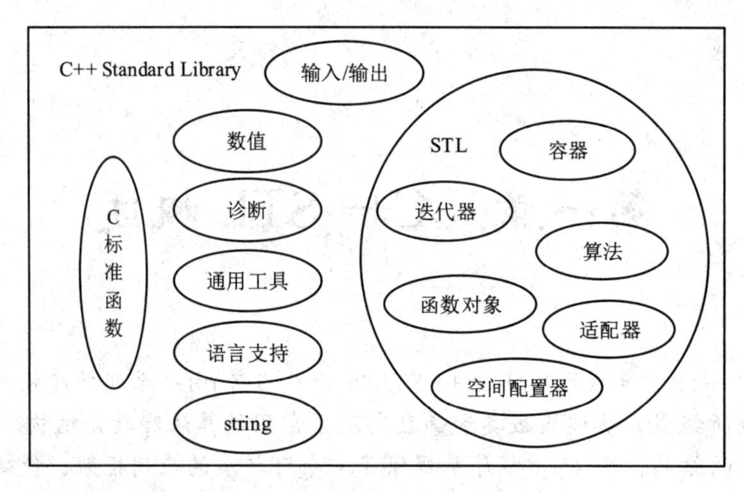

图 1-1 STL 与 C++标准库的关系

1.2 STL 组件

1.2.1 标准模板库的三大件

STL 是 C++标准程序库的核心子集。STL 内的组件都以模板的形式给出，主要包括六部分，其中容器、迭代器和算法又称为 STL 三大件，是 STL 最重要的组成部分。

1. 容器

STL 中的容器是数组、链表、队列、堆、栈、树以及哈希表等数据结构的泛化实现，可以直接定义并使用，功能强大，可用于多种数据类型。

容器分为序列式容器与关联式容器两大类。序列容器主要包括 vector、deque 和 list，容器内的元素类型相同，是线性结构的泛化实现。关联容器则包括 set、multiset、map 及 multimap 模板类，这些容器采用红黑树结构组织元素，更适合于关键值查找；关联容器还包括基于散列表结构的 unordered_set、unordered_map、unordered_multiset 和 unordered_multimap。

容器对外提供最小集合的成员函数，以操作容器元素，更多复杂的容器操作则由通用算法来提供。本书将在第五章详细介绍标准库的各个容器。

2. 算法

标准库定义了一组通用的泛型算法，用于操作处理容器中的元素。可以实现的常用操作包括查找、删除、修改、排序等。这些算法之所以称为“泛型”算法，是因为这些算法在设计上都采用 C++的模板技术，以函数模板的形式提供，可以支持不同类型的容器对象。

泛型算法是通过迭代器来访问容器元素的，这些迭代器往往用于标识容器中的单个或者部分连续的区间，成为联系容器与算法之间的“桥梁”，同时也对算法屏蔽掉了底层容器结构之间的差异，真正达到了算法“通用”的目的。

按照泛型算法所实现的功能，可以将其分成如下几类：

(1) 非可变序列算法：这类算法不可以改变容器元素的值以及排列顺序，仅用于读取容器元素的值并进行一定的操作，主要包括查找、搜索、统计和比较算法。

(2) 可变序列算法；这类算法可以改变容器元素的值或者顺序，主要包括复制、填充、交换、替换、变换、移除、反转、随机重排和分区等算法。

(3) 排序相关算法：这类算法可以根据容器元素的关键值进行排序，并在排序之后的有序集上进行一系列的操作，主要包括 sort 算法、stable_sort 算法、二分搜索 binary_search、归并 merge 算法以及集合操作相关算法。

(4) 数值计算算法：这类算法提供了一组高效的数值计算模板函数，主要包括递增填充 iota、累加和 accumulate、序列和 partial_sum、内积 inner_product 和相邻差 adjacent_difference 等算法。

除了数值算法定义在头文件<numeric>中，其余的算法都定义在头文件<algorithm>中。大部分算法都允许通过“函数对象”来对算法进行“改造”，这些函数对象将替代算法的默认操作逻辑，从而达到依据用户要求定制算法的目的。这类算法的名称后面往往会加上_if 后缀，以表明对“函数对象”的支持。类似的后缀还包括 _copy、_n、_end 等，称之为算法变体形式。

本书将在第七章至第十章分类介绍 STL 通用算法。

3. 迭代器

迭代器是泛型算法和容器之间的桥梁，是指针的泛化。通过迭代器，算法得以操作容器中的数据。迭代器一般都定义在相应容器的头文件中，也有一些系统预定义迭代器定义在头文件<iterator>中。由于不同的算法需要迭代器所提供的元素访问及操作能力不尽相同，因此可以按照迭代器的语义功能将迭代器分为五类，每个算法都需要具体指明所需的迭代器类别。

按照语义进行划分，可将迭代器分为输入型迭代器(Input Iterator)、输出型迭代器(Output Iterator)、前向型迭代器(Forward Iterator)、双向型迭代器(Bidirectional Iterator)、随机访问型迭代器(Random Iterator)五种。

<iterator>中的预定义迭代器有四种，分别为插入迭代器(Insert Iterator)、流迭代器(Stream Iterator)、反向迭代器(Reverse Iterator)、移动迭代器(Move Iterator)。

本书将在第六章对迭代器进行详细介绍。

1.2.2 STL 的其他组件

除了容器、算法和迭代器之外，在 STL 中还定义了许多组件，包括 string 类、I/O 流类、函数对象(仿函数)、空间配置器及容器适配器等。其中，string 类定义在头文件<string>中，主要用于字符串的处理；I/O 流类中的文件输入/输出流类定义在头文件<fstream>中，字符串输入/输出流类定义在头文件<sstream>中，系统标准输入/输出流对象则定义在头文件<iostream>中。函数对象又称仿函数，是由重载了函数运算符 operator()的类所创建的对象，其行为类似函数；在 STL 中，可以将函数对象作为算法的参数来使用，用于改变算法内部的操作逻辑，从而提高算法的灵活性。系统预定义的函数对象都定义在<functional>文件中。空间配置器 allocator 用于内存管理，是一个由两级分配器构成的内存管理器，当申请的内存大小大于 128B 时，就启动第一级分配器，通过 malloc 直接向系统的堆空间分配；当申请的内存大小小于 128B 时，就启动第二级分配器，从一个预先分配好的内存池中取一块内存交付给用户。STL 中还提供了一类组件称之为适配器，包括容器适配器 stack、queue 和 priority_queue，它们都以序列容器作为底层结构，封装之后向外部提供新的接口。类似的还有迭代器适配器和函数适配器等。

STL 六大组件如图 1-2 所示。

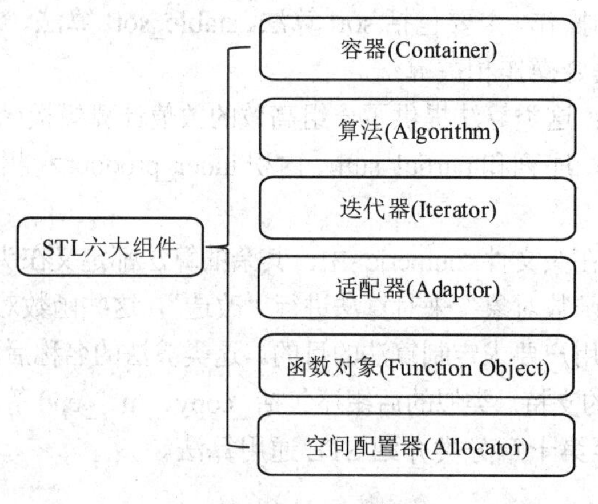

图 1-2 STL 六大组件

1.3 泛型编程与 STL

泛型编程就是以独立于任何特定类型的方式编写代码，这样编写的程序与其能够操作的数据类型之间不再绑定在一起，从而使得同一套代码可以用于多种数据类型。其优点是，一方面，泛型编程能够提高代码的复用性，降低耦合性；另一方面，泛型编程也提高了代码的可读性与安全性。C++是通过模板技术来实现泛型编程的，具体的做法就是先将类型进行泛化(参数化)，用模板中定义的类型参数(模板形参)来表示数据类型；然后在调用时通过给出模板实参或者通过模板实参推导的方式进行具现(实例化)；最后再进行常规的编译。有了泛型编程，就可以将算法与具体的数据类型分离，减少代码量，降低 C++程序员的重复性工作。

标准模板库 STL 是数据结构与算法的模板集合，它将常用的数据结构(例如栈、队列、链表、树等)和算法(如排序、查找、替换等)以模板类和模板函数的形式给出。这些模板类与模板函数是全世界诸多资深程序员多年的工作结晶，具有极高的代码质量。掌握了 STL 的各个组件后，就不必再编写这些已实现的数据结构和算法了，从而大大提高了开发效率。

1.4 STL 的头文件

本书的示例程序都以 VC++ 2012 作为开发环境，其中 STL 的头文件都位于 vs2012 安装目录之下的 include 文件夹 X:\VS2012\VC\include\下，包含的主要头文件如 1.1 所示。

表 1.1 STL 的头文件

序号	功 能	头文件	备 注
1	迭代器	#include <iterator>	
2	I/O 流	#include <iostream>	标准 I/O
		#include <fstream>	文件 I/O
		#include <sstream>	字符串 I/O
3	字符串	#include <string>	string 类
4	函数对象	#include <functional>	
5	容器	#include <vector>	向量容器
		#include <deque>	双端队列容器
		#include <list>	链表容器
		#include <queue>	队列/优先队列
5	容器	#include <stack>	栈
		#include <set>	集合/多重集合
		#include <map>	映射/多映射
6	算法	#include <algorithm>	
7	数值算法	#include <numeric>	

头文件是用户应用程序与系统函数库之间的桥梁。在实际应用中，可根据需要引入的相应头文件来调用相关的类模板和函数模板。

1.5 STL 的命名空间

在 C++ 中，命名空间用于指定函数范围，以防止名称冲突。在开发大规模软件时尤其要注意，不同厂家开发的类库或函数库中可能存在多个相同的函数名或类名，那么在调用时究竟对应哪一个呢？这时就需要用到命名空间这个概念了，它可作为附加信息来区分不同库中相同名称的函数、类、变量等。本质上，命名空间就是定义了一个范围，指出了名称的上下文。下面的例程说明了命名空间的作用：

例程 1-1 C++ 命名空间

```
#include <iostream>
using namespace std ;
namespace myfun              //命名空间 myfun
{
    void fun()               //定义在 myfun 中
    { cout<<"使用 myfun 中的 fun()"<<endl;    }
};
namespace yourfun            //命名空间 yourfun
```

```
    {
        void  fun()                  //定义在 yourfun 中
        { cout<< "使用 yourfun 中的 fun()"<<endl ;  }
    };
```

命名空间的定义使用关键字 namespace，后跟命名空间的名称。上面的代码定义了两个命名空间，分别是 myfun 和 yourfun。这两个命名空间中都有一个名为 fun 的函数，但因为有了命名空间，所以在调用时就不会出现歧义了，例如：

```
    using  namespace  myfun;  //主要用 myfun
    int  main( )
    {
        fun();                        // myfun::fun();
        yourfun::fun();               //临时用 yourfun
        return 0;
    }
```

程序输出：

```
C:\C++ STL\示例程序代码\chapter01\1-1 C++命名...
使用myfun中的fun()
使用yourfun中的fun()
```

使用 using namespace 指令可以告知编译器接下来的代码默认使用哪个命名空间中的名称。上面的代码 using namespace myfun 表示后续的名称默认来自命名空间 myfun，在调用 myfun 命名空间中的 fun 函数时可以不加前缀。当然，若要调用另一个命名空间 yourfun 中的 fun 函数，则需要加上前缀才能调用 yourfun::fun()。

C++标准库的所有名称都在命名空间 std 中，因此本书的示例程序中都会用 using namespace std 指明模板类、模板函数所在的命名空间。

本 章 小 结

STL(标准模板库)由大量可复用的组件构成，是C++标准库的重要组成部分。STL 在 1994 年进入 C++标准中，随即便为广大 C++程序员所运用和推崇。由 STL 提供的大量算法和数据结构所构成的软件框架正在成为一个典范，其背后的设计思想和技术经验也是一笔巨大的财富。

本章是一个概括性的章节，希望读者通过本章能够建立对 STL 的基本认识。本章主要介绍了 C++STL 标准模板库的简要发展历史、内部组件、泛型编程的基本概念、C++的模板技术、STL 对应的头文件及命名空间等相关知识。

课 后 习 题

一、概念理解题

1. STL 的全称是什么？它与 C++标准程序库之间是什么关系？

2. STL 的五大组件分别是什么？其中的三大件又分别指什么？
3. 泛型算法主要有哪几个分类？
4. 迭代器按照其语义划分，可以分成几类？分别是什么？
5. 如何理解适配器？主要的适配器有哪些？

二、上机练习题

请将下列程序补充完整，然后上机验证。

```
#include <stdlib.h>
#include <iostream>

//使用标准命名空间
using namespace std;

//自定义命名空间
namespace NSP{
    int a = 6;
    struct Student{
        char name[20];
        int age;
    };
}

int main(){
    cout<< "访问自定义命名空间的属性 a:" << ________<<endl;
    //使用命名空间中的结构体
    ____________________
    Student zhang;
    zhang.age = 18;
    cout<< "学生的年龄:" <<zhang.age<<endl;
    return 0;
}
```

第二章　C++STL 技术基础

在编程实践中，为了处理不同数据类型的数据，往往需要对具有相同业务逻辑的代码进行重复编写，这是非常巨大的工作量。而泛型编程方法独立于特定数据类型，可将程序逻辑与数据类型剥离开，从而实现代码复用，减轻程序设计者的编写量。C++ 中正是采用模板技术来实现泛型编程的。不仅如此，C++ 还将大量采用泛型编写的算法和容器以函数模板及类模板的形式纳入到 STL 标准模板库中，使其成为标准化的组件，这也极大地提高了 C++ 程序的开发效率。本章将围绕 C++ 模板技术进行讨论，讲解函数模板、类模板的设计方法以及模板特化与运算符重载的相关知识。

本章主要内容

- 函数模板；
- 类模板；
- 模板特化；
- 运算符重载。

2.1　泛型与模板

对于所有的“强类型”语言来说，数据在使用前必须声明其类型。这涉及内存分配的问题，也给程序设计者带来了极大的不便。一些程序逻辑功能相同的代码，仅仅由于其操作的数据类型不同，就必须编写多份代码，例如编写函数返回数据 a、b 中的较大值就是如此，极大地增加了工作量。

为了适应不同的数据类型，本例采用函数重载的做法，编写如下形式的四个函数：

```
int     Max(int a, int b)
        { return   (a>b)? a:b;   }
float   Max(float a,float b)
        { return   (a>b)? a:b;   }
double Max(double a,double b)
        { return   (a>b)? a:b;   }
char    Max(char a,char b)
        { return   (a>b)? a:b;   }
```

固然，这样做可以实现函数的功能需求，然而却是一种低效率的表现，与 C++ 提倡的简洁高效不符。进一步的观察可以发现，上述的四个函数程序逻辑完全相同，都是通过一个表达式(a>b)? a:b 来实现变量 a 与变量 b 之间的比较，并返回较大的值作为函数的最终返回值,不同的仅仅是变量 a 与变量 b 的数据类型。因此，一个自然而然的想法就是能否将这个数据类型变成一个参数，使其成为一个通用类型，等到用户调用函数时再根据实际数据的类型对其进行实例化？这样一来，不就可以降低代码的编写量，提高编写效率了吗？这个通用的数据类型就是我们所说的“泛型”。

什么是“泛型编程”？简单来说，泛型编程(Generic Programming)就是采用一种“通用”的类型来进行代码的编写，使程序独立于特定的数据类型。泛型编程的目的在于实现更快捷的代码重用，使程序设计者将编程的主要精力集中在程序逻辑的实现上，规避由于不同的数据类型给程序编写带来的麻烦。泛型编程的一个重要内容在于实现数据类型的参数化表示，将数据类型表达为类型变量，在使用时才将其实例化为具体的类型，这样就能使程序逻辑不依赖于具体的数据类型，减少程序代码的书写量。

因此，我们可采用参数 T 来表示上述的 int、float、double、char 四种数据类型，于是可将函数改写成下列形式：

```
T   Max(T   a , T   b)
{
    return   (a>b)? a:b;
}
```

注意：此处的 T 只是一个类型占位符，代表一个参数化的数据类型，也就是前文所说的“泛型”。在调用该 Max 函数时，可根据需要对 T 进行实例化，使 Max 函数可以同时处理上述各种不同的数据类型。

这样的设计思想将函数改造成了一个函数“模子”。这个模子能够制造出若干功能相同、而参数类型和返回类型不同的函数，我们把它称为“函数模板”。函数模板并不能直接调用。在编译过程中，可通过指定具体的类型以生成处理特定类型的具体函数，这一过程叫做函数模板的“具现”。

小贴士：

为什么 C++ 中的数据类型那么重要？

C++ 是一种强类型语言。这意味着，在定义变量时需要强制声明变量的数据类型。由于不同类型的数据所占据的存储空间大小不一，例如 int 占据 4B，char 占据 1B 等，而强制的类型声明就能帮助编译器为相应类型的变量分配合适的存储空间。此外，数据类型不同也意味着部分操作的处理方式不同，例如字符串的比较方法和整型数据的比较方法就完全不同，这也需要加以区分。

2.2　函 数 模 板

在 C++ 中，函数模板的定义与调用都有一系列明确的规则，定义 Max 函数模板的方法如下所示：

```
template <class T>          // T: 类型参数
```

```
T Max(T a,T b)
{
    return  (a>b)? a:b;
}
```

在该函数模板的定义中，第一行的关键字“template”表明这是一个“模板”；紧接着的尖括号<>中则是泛化类型参数 T 的声明，可以采用关键字“class”或者“typename”来标明。模板参数 T 可以是基本类型，也可以是一个类。下面通过函数模板来实现求较大值 Max 的功能。

例程 2-1　函数模板示例

```
#include <iostream>
using namespace std;
template <class T>
T Max(T a, T b)
{
    if (a > b)
        return a;
    return b;
}
int main()
{
    int a = 5, b = 3;
    float x = 1.3, y = 2.8;
    char m = 'A', n = 'B';
    cout << Max(a, b) << endl;        //完整写法 Max<int>(a,b)
    cout <<Max(x, y) << endl;         //完整写法 Max<float>(x,y)
    cout <<Max(m, n)<< endl;          //完整写法 Max<char>(m,n)
    return 0;
}
```

程序运行结果：

```
C:\C++ STL\示例程序代码\chapter02\2-1 函数模板示例...
5
2.8
B
```

例程 2-1 首先定义了函数模板 Max，其类型参数为 T，函数模板的功能为返回两个参数 a 与 b 中较大的值。在主函数中调用 Max 函数时，编译器依据实参的类型来推导类型参数 T 的实际取值，完成函数模板的“具现”并返回比较结果后输出。

值得注意的是，例程 2-1 中 Max 函数模板调用的完整写法是 Max<int>(a, b)，其中 Max<int>部分用于完成函数模板的具现，告知编译器 Max 模板的类型参数为 int；紧接着的(a, b)用于向函数传递实参。同理，Max(x, y)的完整写法为 Max<float>(x, y)，Max(m, n)的完整写法为 Max<char>(m, n)，分别用于向函数模板传递类型参数的实际值 float 和 char，使得“函数模板”具现成支持不同类型的“模板函数”，再传递相应的实参，从而完成函数调用。读者在自行实验本例代码时，也许会将函数名 Max(M 大写)不小心写成 max(m 小写)的形式，由于在命名空间 std 下已经有系统预定义的 max 函数，因此可能会出现类似“Error] call of overloaded ‘max(int&, int&)’ is ambiguous”的错误提示。解决的方法一是像本例一样将 m 改成大写，与系统的 max 相区分；二是在 max(a, b)前面加上 :: 将其变成 ::max(a, b)，这样就表示调用此处定义的 max，而不是系统 std 命名空间下的 std::max 函数。

试一试：

一般情况下，调用函数模板时需要依据尖括号<>中的模板实参去替换模板代码中对应的类型占位符，也可以在省略尖括号的情况下依据函数实参自动推导参数类型。然而如果尖括号内的模板实参与实际的函数实参类型不一致，函数调用的结果又如何呢？

在例程 2-1 中，若实参 x、y 为 float 类型，而在调用中写成了 Max<int>(x,y)的形式，则函数的返回值会是什么呢？请读者自行实验。

例程 2-1 的 Max 函数模板中只有一个类型参数，因为其参数都是同一种类型的。如果函数参数是多种不同的数据类型，函数模板又应该如何定义呢？例程 2-2 定义了一个函数模板 swap，用于交换两个不同类型的数据。

例程 2-2　函数模板中使用多种类型

```
#include <iostream>
using namespace std;
template<typename T1, typename T2>
void swap(T1& a,T2& b)
{
    T1 t;
    t = a;
    a = (T2)b;
    b = (T1)t;
}
int main()
{
    int a = 3;
    double b = 4.5;
    cout <<"a="<< a <<" b="<< b << endl;            //交换前
    swap<int, double>(a, b);                        //多个类型参数
    cout <<"a="<< a <<" b="<< b << endl;            //交换后
        return 0;
}
```

程序输出结果：

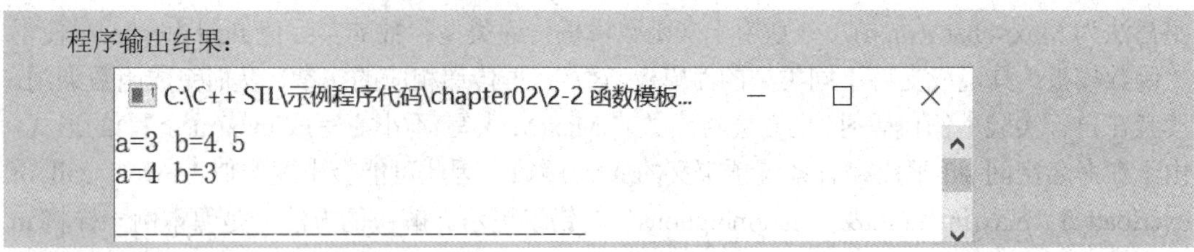

例程 2-2 中函数模板采用关键字 typename 定义了 T1、T2 两个类型参数，然后用强制类型转换的方法先转换 a 和 b 的类型，最后完成 a、b 两个数据之间的交换。

试一试：

当函数模板中使用多种类型时，需要分别指定对应的模板实参，但当模板实参的个数与模板参数不匹配时会出现什么结果呢？例如，将例程 2-2 中的 swap<int, double>(a, b)改成 swap<int>(a, b)可以吗？其结果与 swap<double>(a, b)一致吗？请读者自行编程实验。

函数名相同但函数参数的类型不同或者参数的个数不同，这样的一组函数称为重载函数。C++ 的函数重载机制是面向对象程序设计的重要特性，不需要为功能相似、参数不同的函数选用不同的函数名，增强了程序的可读性。那么，函数模板是否也可以重载？示例 2-3 说明了函数模板 sum 的重载方法。

例程 2-3　函数模板重载

```
#include <iostream>
using namespace std;
template<class T1>
int sum(T1 a, T1 b)
{
    return a + b;
}

template<class T1>
int sum(T1 a, T1 b, T1 c)
{
    return a + b + c;
}

int main()
{
    int a = 1, b = 2, c = 3;
    cout << sum(a, b) << endl;              //函数模板重载
    cout << sum(a, b, c) << endl;           //函数模板重载
    return 0;
```

```
}
```

程序运行结果如下：

```
C:\C++ STL\示例程序代码\chapter02\2-3函数模板重...
3
6
```

函数模板重载与普通函数重载的方法一致。例程 2-3 所定义的两个重载的 sum 函数模板的类型参数个数不同，分别用于 2 个实参和 3 个实参的求和。在 sum 函数的第一次调用过程中，调用形式为 sum(a, b)，其实参个数为 2，对应于第一种模板的重载形式 int sum(T1 a, T1 b)，将实参的对应值赋予相应形参后，得到输出结果为 1+2 的值 3；同理，在 sum 函数第二次调用过程中，由于调用形式变化为 sum(a, b, c)，其实参个数为 3，对应于第二种模板的重载形式 int sum(T1 a, T1 b, T1 c)，将实参的对应值赋予相应形参后，得到输出结果为 1 + 2 + 3 的值 6。

2.3　类　模　板

2.3.1　类模板的定义

既然普通函数能够改造成函数模板，那么类是否也能通过类似的方法改造成“类模板”呢？答案是肯定的！与函数模板类似，“类模板”是用于生成具体类的一个“模子”，但相对于函数模板而言，类模板的类型参数涉及的内容更多。类中的成员变量的类型、成员函数参数的类型以及成员函数返回值的类型等都需要进行参数化，才能适应多种数据类型。类模板的定义形式如下：

```
template <class T>              //类型参数 T，与模板函数一样
class 类名                      //类的定义
{
    …                           //类体
};
```

下面通过定义一个表示堆栈的类模板加以说明。

例程 2-4　类模板的定义

```
const int n=10;                 //定义堆栈大小
template<class T>               //数据类型参数化
class Stack                     //定义类(类模板)
{
    T stk[n];                   //顺序栈，T 为元素类型
    int top;
    //栈顶元素的位置，注意此处的 int 类型并未参数化
public:
```

```
        Stack()                         //构造函数，用于初始化栈顶
        {top=-1;}
        void push(T ob);                //入栈函数，T为参数的类型
        T pop();                        //出栈函数，T为返回值类型
    }
```

例程2-4定义了一个表示堆栈的类模板。堆栈是一种常见的线性数据结构，它限定数据的插入与删除位置必须在堆栈的栈顶处。例程2-4实现了一个顺序栈模板。在类模板定义中，首先定义了一个数组stk，其大小为n，用于存储堆栈元素。接着定义了整型变量top，用于记录栈顶位置。值得注意的是，此处对于变量top的类型并没有进行参数化，是因为top用于表示数组下标，必须采用int型，不能是其他类型。然后程序定义了三个成员函数，分别是类的构造函数、入栈函数以及出栈函数，类型参数T也用于表示成员函数的参数类型以及返回值类型，从而完成了类型的参数化。

当然，目前这个类模板还不完整，成员函数虽然定义好了，但还没有实现。接下来是成员函数的类外实现方法，首先是入栈函数的类外实现，如例程2-4-1所示。

例程2-4-1　入栈函数的类外实现

```
template <class T>
void Stack<T>::push (T ob)
{
    if(top==n-1)
    {
        cout<<"stack is full";
        return;
    }
    stk[++top]=ob;
}
```

入栈函数首先检查堆栈的栈顶位置。由于堆栈的大小为n，因此堆栈为满的条件为top值等于n－1(C++的数组下标从0开始，故而第n个元素的下标为n－1)。若栈未满，则先将top值＋1后赋上待插入的新值ob。

例程2-4-1是出栈函数的类外实现。

例程2-4-2　出栈函数的类外实现

```
template <class T>
T Stack<T>::pop()
{
    if (top<0)
    {
        cout<<"Stack is empty";
        return(0);
    }
```

```
        return stk[top--];
    }
```

出栈函数与入栈函数类似，首先检查栈顶位置，若 top 值小于 0，则此时的堆栈内没有任何元素，堆栈为空，程序输出提示并返回；若堆栈不为空，则程序返回此时的栈顶元素并修改栈顶位置。

2.3.2　类模板实例化

有了类模板，相当于有了一个生成普通类的“模子”。因此，利用类模板去定义对象的步骤可以分成两步：

(1) 先用类型实参来替换类模板中的类型参数 T，使类模板具现出各种支持不同数据类型的“模板类”。

(2) 用具现出的模板类再去定义相应的对象，实现程序功能。

类模板的实例化是指使用类模板生成模板类的过程，方法如下：

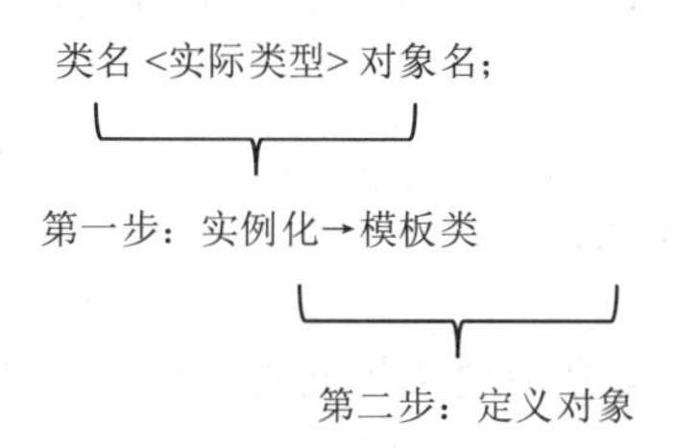
类名 <实际类型> 对象名;
第一步：实例化→模板类
第二步：定义对象

例程 2-5 利用前述的堆栈类模板进行实例化，从而得到两个不同类型的堆栈。

例程 2-5　类模板实例化

```
int main()
{
    Stack<char>   s1;
    Stack<int>s2, *sp=&s2;
    s1.push('a');
    s1.push('b');
    s1.push('c');
    cout<<"pop s1: ";
    for(int i=0; i<3; i++)
        cout<<s1.pop();
    //-----------------------------------------------------------------
    s2.push(1);
    s2.push(2);
    s2.push(3);
    cout<<endl<<"pop s2: ";
```

```
        for(int i=0; i<3; i++)
        cout<<sp->pop();
        cout<<endl;
        return 0;
    }
```

程序输出：

```
C:\C++ STL\示例程序代码\chapter02\2-5类模板.exe
pop s1:cba
pop s2:321
```

恰如前文所述，类模板的优势在于可以通过在实例化阶段给类型参数赋以不同的类型实参来初始化，从而得到可以处理不同类型参数的堆栈。例程 2-5 利用例程 2-4 中的栈模板，给出的类型实参分别是 char 和 int 类型，得到的 s1 为一个字符栈，用于处理 'a'、'b'、'c' 这样的字符数据；得到的 s2 则为一个整型数栈，用于处理 1、2、3 这样的整型数据。

2.3.3　类模板的其他语法规则

在继续我们的讨论之前，有必要对类模板使用过程中涉及的多种特殊情况加以说明。

1. 全局类型与模板类型同名

若出现全局类型与模板类型名相同的情况，应依据“局部优先”原则决定数据类型。例如：

```
typedef string type;
template<class type>
class G
{
    type n;
    …
};
```

在本例中，全局类型名与局部类型名均为 type，则类模板 G 中的成员变量 n 的类型依据“局部优先”的原则，由类模板的类型参数 type 在实例化的过程中依据实参决定，而非全局类型 type 所对应的 string 类型。

2. 类型参数带缺省类型

类型参数可以带缺省值，方法如下：

```
template<class T1=char, class T2=int>
class A
{
    T1   m1;
```

```
    T2  m2;
    ……
};
```

此处给类型参数 T1 和 T2 分别加上 char 和 int 作为缺省值。在对带有缺省值的类模板进行实例化的过程中，可以采用如下几种形式：

(1) A<>a：分别使用类型参数 T1 和 T2 的缺省类型对 a 进行实例化。

(2) A<double> b：按照从左到右(类型参数定义的先后)的顺序对类型参数进行实例化，将 T1 的类型设置为 double，T2 则采用其缺省的 int 类型。

(3) A<int,bool> c：按照对应关系分别将 T1 的类型设置为 int，T2 的类型设置为 bool。

3. 类模板组合

类模板组合是指在类模板的定义中，内嵌自身或者其他类模板的对象的定义方式。例如：

```
template <class U>
class A
{
    A<U> *p;        //在类模板定义的内部引用自身，引用本类时可以省略<U>。直接写成 A*p; 亦可
};
template<class U>
class B
{
    A<U>&a,*b;  //在类模板的定义中内嵌其他模板类的对象，引用其他类模板时，<U>不可以省略
};
```

在类模板定义中引用本类时可以省略类型参数部分；而在类模板定义中内嵌其他类模板时，不可以省略类型参数部分。

小贴士：

在带有类型参数缺省值的类模板定义中，其缺省值的设置应该遵循从右到左的顺序进行，这是因为在类模板实例化的过程中，其赋值顺序是自左向右。因此，若出现如下带有类型缺省值的类模板定义，则

```
template<class T1=int, class T2>  class  X;        //错误
template<class T1, class T2=int>  class  Y;        //正确
```

2.3.4　类模板派生

类模板中可以派生出新的类，这些类既可以是普通类，也可以是模板类。在从类模板 A 派生普通类时，作为普通类的基类，必须是类模板实例化后的模板类，如 A<int>；而从类模板 A 派生出新的类模板时，则需要在表示基类时加上模板参数，如 A<T>。例程 2-6 展示了类模板派生的编写方法。

例程 2-6　类模板派生示例

```
#include <iostream>
using namespace std;
template<class T>
class A
{   T t ;
public:
    A(T tt):t(tt) { cout<<"A::t="<<t<<endl; }
};
template<class T1, class T2>
class B: public A<T2>                  //公有派生类
{   T1 t1;   T2 t2;
public:
    B(T1 tt1, T2 tt2) : t1(tt1), A<T2>(tt2), t2(tt2)
    { cout<<"B::t1="<<t1<<"\nB::t2="<<t2<<endl; }
};
int main(void)
{   B<int, double>b(2.8, 8.8);         // T1→int，T2→double
    A<int>a(8.8);                      // T→int
    return 0;
}
```

程序输出：

```
C:\C++ STL\示例程序代码\chapter02\2-6 类...
A::t=8.8
B::t1=2
B::t2=8.8
A::t=8
```

在例程 2-6 中，类模板 B 继承自类模板 A。特别要注意的是，在类模板 B 的定义中：class B: public A<T2>表示公有派生，A 是一个类模板，其类型参数与类模板 B 的类型参数 T2 相一致，在 B 的构造函数中通过构造函数初始化列表来将实参传递给基类 A 的构造函数。因此在 main 函数中通过类模板 B 去定义对象 b 时，其类型实参分别为 int 和 double，T2 对应的类型即为 double，此时调用类模板 B 的构造函数对基类 A 初始化后的结果为 A::t=8.8，A 的成员变量 t 初始化为 double 类型；而在 main 函数中定义对象 a 时，类型实参 int 传递给类模板 A 的类型参数 T，使得 A 中的成员变量 t 定义为 int 型，输出结果为 A::t=8。

2.4　模 板 特 化

“泛化”是指将普通函数或者普通类中的数据类型参数化和一般化，使之能够依据用户需求在实例化阶段再加以确定。这种泛型编程技术虽然能够更加灵活地构建程序，但仍然需要面对和处理某些特殊类型，我们称之为“特化”。所谓模板特化，是指对于某些特殊的数据类型，不能用模板的通用实例化方法或程序逻辑来处理时，对这种特殊的数据类型需进行单独设计和定义。根据是否对模板的全部类型参数进行特化处理，可将模板特化分为完全特化(全特化)与部分特化(偏特化)两种；根据特化对象的不同，可将模板特化分为函数模板特化和类模板特化两种。下面分别加以阐述。

2.4.1　函数模板特化

例程 2-7 是函数模板特化的方法。

例程 2-7　函数模板特化

```
template <class T>
bool IsEqual(T t1, T t2)
{
    if (t1==t2)
        return true;
    return false;
}
template<>                              //函数模板特化
bool IsEqual(char *t1, char *t2)
{
    if(strcmp(t1, t2)==0)
        return true;
    return false;
}
int main()
{
    char s1[]="ABC";
    char s2[]="ABD";
    cout<<IsEqual(15, 15)<<endl;
    cout<<IsEqual(s1, s2)<<endl;
    return 0;
}
```

程序输出：

```
C:\C++ STL\示例程序代码\chapter02\2-7 ...
1
0
```

在例程 2-7 中，首先定义了一个函数模板 IsEqual，包含一个类型参数 T 及 t1 和 t2 两个参数。函数模板体内通过表达式 t1==t2 来对二者进行比较，若结果为真，即二者相等，则返回真；否则返回假。然而，这样的关系运算符 == 仅对部分数据类型(例如 char、int)有效。当 t1 和 t2 是字符数组时，无法使用运算符 == 来进行比较。因此需要针对特定的数据类型(字符数组)编写特定的程序代码加以处理，这就是函数模板特化。在本例中用于实现函数模板特化部分的代码如下：

```
template<>                              //函数模板特化
bool IsEqual(char *t1, char *t2)
{
    if(strcmp(t1, t2)==0)
        return true;
    return false;
}
```

可以看到，template 关键字表明此处定义了一个函数模板而非普通函数，然而在 template 关键字之后的类型参数声明<>中，却没有任何的类型参数，说明在该模板中并没有可以泛化的类型，所有的类型参数都是确定的，即完全特化。在函数体内，通过 strcmp() 函数对字符数组 t1 和 t2 进行比较(而非 ==)，并返回比较的结果。

小贴士：

细心的读者会发现，函数模板特化与函数重载有非常类似的地方，如果把全特化版本的函数模板前的模板声明 template<>去掉，就变成了普通函数。根据 C++对于重载函数的匹配调用规则，普通函数的优先级最高。如果一个普通函数可以完全匹配所有的参数形式，则会被优先调用；其次才是函数模板。在满足参数匹配度最高的前提下，如果还有相应的特化版本，则该特化版本被优先选择；否则选中基础模板。

另外，在 C++ 标准中规定，函数模板不允许进行偏特化，类模板可以进行偏特化；这也是跟函数重载密不可分的。

2.4.2 类模板特化

例程 2-8 举例说明了类模板的全特化方法。

例程 2-8　类模板完全特化

```
template <class T>
class compare                   //普通类模板
{
    public:
        bool IsEqual(T t1,T t2)
        {return t1==t2;}
};

template<>
class compare<char*>            //“全特化”的类模板
```

```
{
    public:
        int IsEqual(char *t1, char*t2)
        {return strcmp(t1, t2);}
};

int main()
{   char s1[]="abC";
    char s2[]="abc";
    compare<int> c1;                    //普通(泛型)版类模板
    compare<char *>c2;                  //特化版类模板
    cout<<c1.IsEqual(11, 11)<<endl;
    cout<<c2.IsEqual(s1, s2)<<endl;
    return 0;
}
```

程序输出：

```
C:\C++ STL\示例程序代码\chapter02\2-8 ...
0
1
--------------------------------
```

在例程 2-8 中，首先定义了一个普通的类模板，模板参数为 T，在 template 后的<class T>中加以说明。紧接着定义的是一个“完全特化”的类模板。之所以叫做“完全特化”，是因为在这个类模板的定义中，template 后的 <> 中没有任何的类型参数，也就意味着类模板中用到的所有参数类型必须在定义时加以给定，所以我们看到在“完全特化”版的类模板 compare 的后面紧接着给出了参数的类型<char*>。当然，在 main 函数调用相应的类模板去定义类 c1 和 c2 时，编译器能够根据实际调用的参数去匹配不同的类模板形式。

既然类型参数可以通过“特化”的方式在类模板定义时说明，那么不难得出，所谓的“部分特化”则是指在有多个类型参数的模板定义中，“特化”其部分的类型参数，保留其余的类型参数。例如：

```
template<class T1, class T2>           //普通版
class vector
{
    ……
};
template <class T>                     //偏特化版
class vector<bool, T>
{
    ……
    };
```

在上述代码中，类模板 vector 的定义中用到了 T1 和 T2 两个类型参数；“部分特化”版则对其中的一个类型参数“特化”成类型 bool，保留了另外一个类型参数，故称之为“偏特化”。在实例化过程中，同样需要注意其调用格式，在此不再赘述。

当程序源文件中可能包含普通模板、偏特化模板以及全特化模板这几种泛型模板时，如果源程序出现了这个名称的模板调用，那么编译器需要在同名的模板中选择一个作为生成实体模块代码的模板，这个选择原则便是 C++ 模板的具现规则，如下所示：

特化模板>>偏特化模板>>普通基础模板

具现规则遵循从特殊到一般的原则，即越是“特殊”的模板其优先级越高，越是“一般”的模板其优先级越低。

2.5 操作符重载

在 C++ 的标准模板库中，应用非常广泛的一个 C++ 语法是“操作符重载”。在此有必要进行阐述，具有较好 C++ 基础或对相关知识比较熟悉的读者可以跳过本节。

与函数重载类似，运算符重载是通过对运算符的操作逻辑重新定义来得到的。大部分的 C++ 内置运算符都可以被重载。重载的运算符是具有特殊名称的函数，函数名由关键字 operator 和其后要重载的运算符符号所构成。与普通函数一样，重载运算符也有一个返回值类型和一个参数列表。

为什么要重载运算符？因为普通的运算符无法完成特定场合下的运算。例如，对于加法运算，普通的“+”运算符能够实现基本数据类型的数据相加，但却无法实现“复数”加法以及“字符串”等特殊对象的“相加”，在这种情况下，就可以对现有的加法运算符进行“重载”，扩展其功能，使之能够支持更多意义上的“加法”运算。

操作符重载的定义形式如下：

```
返回类型 operator 运算符(形参列表)
{
……//对应的函数代码
}
```

从这个定义形式上看，我们可以把操作符重载看作是定义一个特殊的函数。有了操作符重载，就可以通过对应的函数代码去改写操作符的功能。理论上讲可以任意改写操作符函数的功能，但在实际应用中，通常要求重载后的功能与原功能近似。下面的例程通过对“+”操作符的重载实现了复数的加法运算。

例程 2-9　操作符重载：复数加法

```
#include <iostream>
using namespace
class Complex
{
```

```
    double real;                        //复数的实部
    double imag;                        //复数的虚部
public:
    Complex()
    {real=0; image=0;}
    Complex(double r, double i)
    {real=r; imag=i;}
    Complex operator+(Complex &c2);
    void display();
};
void Complex::display()
{
    cout<<" ("<<real<<", "<<imag<<"i) "<<endl;
}
Complex Complex::operator+(Complex &c2)        //重载“+”运算符
{
    Complex c;
    c.real=real+c2.real;
    c.imag=real+c2.imag;
    return c;
}

int main()
{
    Complex c1(3, 4), c2(5, -10), c3;
    c3=c1+c2;          // c3=c1.operator(c2)
    cout<<"c1=";       c1.display();
    cout<<"c2=";       c2.display();
    cout<<"c1+c2=";    c3.display();
    return 0;
}
```

程序输出：

```
C:\C++ STL\示例程序代码\chapter02\2-9 双目操作...
c1=(3, 4i)
c2=(5, -10i)
c1+c2=(8, -6i)

--------------------------------
```

例程 2-9 首先定义了一个“复数类”，复数类包含“实部”与“虚部”两个部分。因此在实现复数加法的时候，就需要将其对应的实部与虚部分别相加，这是普通的“+”运算符所不能完成的功能。为了实现复数的加法，我们当然可以定义一个专门的函数来实现，函数的名字也可以任意取，但这样设计会增加操作的复杂性，对用户不够友好。为了保证操作的一致性，最好的办法就是通过对“+”运算符进行重载，使其具备复数相加的能力。由于“+”运算符是一个双目运算符，其操作数位于“+”的左右两边，执行语句 c3=c1+c2 等价于执行函数调用 c3=c1.operator+(c2)。从 c1 的角度来看，这条语句相当于调用 c1 的成员函数 operator+()，函数的实参则是 c2。因此，在复数类 complex 中定义成员函数 operator+，完成复数的实部与虚部分别相加并返回相加后的结果，如下所示：

```
Complex Complex::operator+(Complex &c2)
{
   Complex c;
   c.real=real+c2.real;
   c.imag=real+c2.imag;
   return c;
}
```

加法运算是一个双目运算符。类似地，单目运算符的重载方法请见下面的例程：

例程 2-10　单目运算符重载

```
#include <iostream>
using namespace std;
class   A
{       int k ;   int m ;
  public :
        A(int n) { m=k=n; }                    //构造函数
        void Show_k()     { cout<<"k="<<k<<endl;   }
        void Show_m()    { cout<<"m="<<m<<endl; }
        void operator ++() ;                   //前置++，成员函数
        void operator ++(int) ;                //后置++，成员函数
};
void A::operator ++()                          //前置++
{ m = ++k ; }
void A::operator ++(int)                       //后置++
{ m = k++ ; }
int main()
{
   A a(0);      a.Show_m() ;
   ++a ;        a.Show_m() ;
   a++ ;        a.Show_m() ;
                a.Show_k() ;
   return 0;
```

```
    }
```

程序输出：

```
C:\C++ STL\示例程序代码\chapter02\2-10 单目操作符重载....
m=0
m=1
m=1
k=2
```

单目运算符的重载形式与双目运算符有明显的差别。由于单目运算符只有一个操作数，因此其重载形式中不含参数。前置的 ++ 运算符重载形式为 operator++()，为了区分前置 ++ 和后置 ++，C++ 特别约定后置 ++ 的函数形式为 operator ++(int)。例程 2-9 在定义的类 A 中重载了前置 ++ 和后置 ++ 运算符，并在 main 函数中通过重载的运算符改变成员变量的值并输出结果。

小贴士：

关于运算符重载，需要注意的是：

(1) 重载不能改变运算符的操作个数。例如对于运算符“<”和“>”，重载前是二元运算符，重载后也应是二元运算符；对于运算符“*”“&”，则既可以是二元运算符，也可以是一元运算符，取决于具体的程序上下文。

(2) 重载不能改变运算符的优先级。例如“*”“/”优先于“+”“-”。

(3) 运算符重载函数不能有默认形参。一旦包含默认形参，则相当于改变了参数(操作数)的个数。

(4) 重载的运算符功能应该与原功能相近。例如，将“+”重载用于 string 对象连接，功能与加法操作类似，便于理解。

(5) 对于运算符函数的形参，至少有一个是对象或者对象的引用，以保证重载运算符的运算结果类型。

试一试：

重载赋值运算符 =

在利用赋值运算符“=”进行同类对象赋值时，默认的操作是逐个复制对象的数据成员。当对象中有指针成员时，则完成对象的“浅拷贝”。请重载运算符“=”，完成对象的“深拷贝”。

本 章 小 结

C++ STL 采用模板的方式实现泛型编程。本章首先讲述了通过将数据类型参数化，可以将普通函数转换为函数模板，普通类转换为类模板。其次讲述了在程序中，我们可以利用类型实参来实例化模板中的类型参数，称之为“具现”，接着讲述了泛型编程。泛型编程减少了同质代码的编写量，但在应对部分特殊类型时，由于无法采用通用的程序逻辑进行操作，因此应按照特殊类型的需要，对模板进行特化。按照特化的类型参数的多少，可将模板特化分为全特化与偏特化两种。最后本章还介绍了运算符重载的方法，并对双目运算符和单目运算符重载的形式与方法进行了比较与实现。

课 后 习 题

一、概念理解题

1. 什么是泛型编程？C++ 是通过什么方法实现泛型编程的？
2. 什么是“函数模板”？如何将普通函数改写成函数模板？
3. 全特化与偏特化有什么区别？C++ 不允许函数模板偏特化是基于什么考虑？
4. 函数模板与模板函数、类模板与模板类之间有何区别？
5. 简要描述利用类模板生成对象的过程。
6. 关于函数模板、函数模板重载与模板特化之间的差别，请从参数类型、参数个数与函数体三个方面加以对比，完善表 2.1

表 2.1　函数模板，函数模板重载和模板特化的差别

	函数模板	函数模板重载	模板特化
参数类型	不同		
参数个数	相同		
函数体	相同		

二、上机练习题

1. 理解本章所有例题并上机练习，回答提出的问题并说明理由。
2. 关于函数模板与函数重载在调用时的优先顺序，有程序如下，请先理解程序并写出运行结果，然后上机验证。

```
#include <iostream>
using namespace std ;
//函数模板
template <typename T>
T Max(T x, T y);
//普通重载函数
 int Max(int x,int y);

int main()
{
    int x = 1;
    int y = 2;
```

```
        char a= 'D', b = 'd';
        double d1 = 3.14, d2 = 3.14159;
        cout <<"max(x, y) = "<< Max(x, y) << endl;
        cout <<"max(x, y) = "<< Max(a, b) << endl;
        cout <<"max(x, y) = "<< Max(d1, d2) << endl;
        return 0;
    }
    template <typename T>
    T Max(T x, T y)
    {
        cout <<"调用模板函数"<< endl ;
        return x > y ? x : y;
    }
    int Max(int x, int y)
    {
        cout <<"调用重载函数"<< endl ;
        return x > y ? x : y ;
    }
```

3. 参照本章例程 2-4 与例程 2-5 的方法，自定义队列类模板，实现入队与出队操作并实例化。

4. 设计一个单向链表类模板，要求各个结点数据域中的数据从大到小排列，成员函数能够进行节点的插入、删除和查找。

5. 模板参数不仅可以是类型参数，也可以包含特定类型的表达式。在下面的程序中，函数模板的第二个参数 N 看起来像一个普通的函数参数，可以像普通函数的参数一样使用。请先理解程序并推断运行结果，然后上机验证。

```
#include <iostream>
using namespace std;
template <typename T, int N>
T f_mult (T val)
{
    return val * N;
}
int main() {
    std::cout << f_mult<int,3>(4) << '\n';
    std::cout << f_mult<int,5>(6) << '\n';
}
```

第三章　C++STL 输入/输出流

C++不直接处理输入/输出，而是通过在标准库中所定义的一系列模板类来处理输入/输出的。这些类支持从输入/输出设备中读取和写入数据，这里的设备可以是控制台也可以是文件。此外，C++还允许向字符串 string 中读取和写入数据。本章将对 C++ I/O 库的基本功能作详细介绍。

本章主要内容

- STL 中的 I/O 流类；
- 标准输入/输出流类；
- 文件 I/O 流类；
- 字符串 I/O 流类。

3.1　STL 中的 I/O 流类

C++标准模板库提供了一组模板类，用于实现多种形式的输入/输出功能。这些类都位于 std 命名空间内，可用于标准输入/输出、文件输入/输出和字符串输入/输出，在使用时需要引入相应的头文件<iostream>、<fstream>以及<sstream>，如表 3.1 所示。

表 3.1　C++ 输入/输出流类及对应的头文件

头 文 件	模 板 类
iostream	istream 从流中读取数据
	ostream 向流中写入数据
	iostream 读/写流
fstream	ifstream 从文件读取数据
	ofstream 向文件写入数据
	fstream 读/写文件
sstream	istringstream 从字符串对象读取数据
	ostringstream 向字符串对象写入数据
	stringstream 读/写字符串对象

不同类型的流之间在操作上是类似的。这是因为标准库采用了继承机制，ifstream 和 istringstream 作为派生类，继承了基类 istream 的成员函数，使得我们在使用 ifstream 和

istringstream 对象读/写文件和 string 时可以像使用标准流对象 cin 一样调用 getline 和 >> 操作符；类似的 ofstream 和 ostringstream 继承自 ostream，因此我们也可以像使用 cout 一样使用 ofstream 和 ostringstream 类的对象。

每个输出流都管理一个缓冲区，用于暂存读/写的数据。有了缓冲机制，操作系统就可以将程序的多个输出操作合并成一个单一的系统级写操作，从而带来性能上的提升。每次将数据真正地写到输出设备或者文件中的操作称之为缓冲刷新，可以采用操纵符 endl 完成换行并刷新缓冲区；也可以使用另外两个类似的操纵符——flush 和 ends；三者的差别如下：

```
cout<<"hello"<<endl;      //输出 hello 之后换行，刷新缓冲区
cout<<"hello"<<flush;     //输出 hello 之后直接刷新缓冲区
cout<<"hello"<<ends;      //输出 hello 和一个空字符后，刷新缓冲区
```

3.2　标准输入/输出流类

标准 I/O 流类定义在<istream>、<ostream>和<iostream>头文件中，其中在头文件<iostream>中定义了四个标准输入/输出流对象：cin 和 cout 就是读者非常熟悉的、用于输入和输出的流对象，cerr 和 clog 则用于输出错误信息。在程序中只要包含了<iostream>头文件，则将自动包含<istream>及<ostream>。下面通过例程 3-1 简要说明 cin 和 cout 的用法。

例程 3-1　标准输入/输出

```
//cin>>的不足
#include <iostream>
using namespace std;
int main()
{
    int i;
    char str[20];
    cout<<"请输入一个整数和字符串:\n";
    cin>> i >> str;
    cout<<"i="<< i <<endl;
    cout<<"str="<< str <<endl;
    return 0;
}
```

程序输出：

```
C:\C++ STL\示例程序代码\chapter03\3-1 标准IO.exe
请输入一个整数和字符串:
23 nice to meet you!
i=23
str=nice
```

显然，例程 3-1 的初衷是想要将输入的字符串“nice to meet you!”全部赋给 str；但是

由于在用 cin 获取输入时，操作符>>默认是以空白字符(空格、tab、换行符)作为分隔符将字符串进行分割的，因此在程序中只将分割后的字符子串“nice”读取到了 str 中。要将整个字符串读取到 str 中，可以通过调用流对象的成员函数来实现。

1. 流对象的 get 系列成员函数

流对象包括一系列以 get 开头的成员函数，提供了更多的参数用以自定数据读取模式。

```
(1) int get();                                   //无参数
```

读取一个字符(含空白字符)，返回该字符的 ASCII 值。

```
(2) istream&get(char* ch, int n, char c='\n');   // 3 个参数
```

读取 n-1 个字符(含空白字符)，存入字符数组 ch 中；遇到终止字符 c 则提前结束。

```
(3) istream&getline(char* ch, int n, char c='\n');
```

与 get 类似，区别在于 get 遇到终止符时，读位置停留在终止符前，下次从该位置读取；而 getline 则跳过终止符。二者都返回输入流对象。

例程 3-2　get 系列流成员函数示例

```
#include <iostream>
using namespace std;
int  main( )
{
    char  ch[20] ;
    cout<<"输入字符串:";                          //输入：23 nice to meet you!
    int n=cin.get();      cout<<n<<endl;
    cin.getline(ch, 20) ;                         //cin.get(ch, 20) ;
    cout<<"该字符串是:"<<ch<<endl ;
    cout<<"输入字符串:";                          //输入：12345\7890
    cin.getline(ch, 20, '\\') ;                   // cin.get(ch, 20);
    cout<<"该字符串是:"<<ch<<endl ;
    return 0;
}
```

程序输出：

```
C:\C++ STL\示例程序代码\chapter03\3-2 get系列成...
输入字符串:23 nice to meet you!
输入字符的ASCII码: 50
该字符串是:3 nice to meet you!
输入字符串:1234\7890
该字符串是:1234
```

与例程 3-1 同样，首先调用无参数的 get 成员函数，得到输入的第一个字符“2”的 ASCII 码 50；接下来 cin.getline(ch, 20, '\\')读取输入的字符串，长度为 20，终止符为“\”，当输入字符串“1234\7890”时，将终止符前的内容 1234 赋值给 ch。

试一试：

读者可以尝试将例程 3-2 中的 getline 函数替换成 get，再观察输出会有何变化？是什么原因导致的？

2. 利用流错误信息

如何处理错误？例如本来要输入 int 数据，结果输入中却含有其他字符。处理错误的输入时，首先要能够发现这样的错误。能够发现流错误的相关成员函数有：

(1) bool eof()：当到达流的末尾时返回 true。

(2) bool fail()：I/O 操作失败，遇到非法数据(如读取数字时遇到其他字符)时返回 true，流可以续使用。

(3) bool bad()：遇到致命错误，流不能继续使用时返回 true。

例程 3-3 说明了如何发现和处理流错误。

例程 3-3　流错误信息示例

```
#include <iostream>
using namespace std;
int main()
{
  int a;
  cout<<"请输入一个整数：";
  while(1)                          //保护代码
  {
   cin>>a;                          //要求输入整型数据
   if( cin.fail() )
    { //--------输入数据非法-----------------
     cout<<"输入有错！请重新输入"<<endl;
     cin.clear();                   //清空流状态位
     cin.sync();                    //清空流缓冲区
    }
   else                             //输入数据合法
    {  cout<<a<<endl;  break; }
  }
 return 0;
}
```

程序输出：

```
C:\C++ STL\示例程序代码\chapter03\3-3 流错误信...
请输入一个整数：hello
输入有错！请重新输入
23
23
```

例程 3-3 设置了一段“保护代码”，在要求输入一个整数的情况下，若用户输入非法，则 cin.fail()返回 true，此时清空输入缓冲取并提示用户重新输入，直到获取到整数为止。但这样的保护代码并不好，如输入 45abc*_=\ 时编译器并不会报错，而是把 45 赋给 a，即 a=45。更好的做法是应该逐个字符判断是否是数字。

3.3　文件 I/O 流

C++ STL 定义了三个支持文件输入/输出的类：ofstream 为文件输出类，用于将内存中的数据写入到文件中；ifstream 为文件输入类，用于将文件中的数据读入内存；fstream 为文件 I/O 类，可以读/写指定文件。上述三个类都定义在头文件<fstream>中。

将流对象与文件之间进行绑定/关联，之后读/写该流对象就是读/写对应的文件。从这个角度看，系统定义的流对象 cin 默认绑定到设备文件(键盘)中，cout 则绑定到设备文件(屏幕)上。

1. 读/写文件的步骤

(1) 打开文件。先选择合适的文件流类，然后创建流对象并将其与文件进行绑定。

(2) 读/写文件。读/写文件对应数据从内存到文件的输入和输出，将内存变量写入文件即为输出(写 Output)，将数据从文件读取到并赋值给内存变量称之为输入(读 Input)。

(3) 关闭文件。读/写文件完成后，需要及时关闭文件。

2. 文件分类

C++ 将文件的组织形式分成二进制文件与文本文件两类：

(1) 二进制文件：由字节序列所组成，这类文件数据与其内存数据的格式相同。例如短整型字面值(short int) 5678，转换成二进制形式存放在内存中的格式为 0001011000101110，占据 2 个字节的空间，每个字节与字符之间没有对应关系。

(2) 文本文件：此类文件是由字符序列组成的，将内存中的数据按照某种字符编码格式转换成对应的字符，然后再存入文件中。例如，将短整型字面值 5678 以文本文件的形式写入文件时，按照每个数字对应的二进制 ASCII 码值，可将其分成 4 个字节进行表示：5 对应 00110101，6 对应 00110110，7 对应 00110111，8 对应 00111000，因此最终，5678 以 ASCII 码的形式存放在内存中的连续 4 个字节中。

3. 打开文件

可以在创建流对象的同时打开文件(建立与文件的关联)，例如：

```
ifstream in("test.dat", ios::in);            //缺省路径
```

也可以先创建流对象，再用 open 成员函数打开文件，例如：

```
ofstream out1, out2;                         //创建文件输出流对象 out1 和 out2
out1.open("d:\\test.dat", ios::out);         //绝对路径
out2.open("..\\test.dat", ios::out);         //相对路径
```

打开的文件名需要包含文件路径，文件路径有绝对路径和相对路径两种。若缺失路径，则默认打开缺省路径下的对应文件。也可以用字符串来保存完整的文件名，然后再打开对应文件，例如：

```
char filename[]="d:\\test.dat";
in.open(filename, ios::in);
```

4. 文件模式

每个流都有一个文件模式(File Mode)，用来表示应该如何使用文件。打开文件时，通过文件打开标志来说明对应的文件模式，文件模式如表 3.2 所示。

表 3.2　文件模式

文件模式标志	含　义
ios::app	追加：在文件尾部写入
ios::ate	最后：打开文件后定位到文件末尾
ios::binary	以二进制方式读取或写入文件
ios::in	只读方式打开文件。如果文件不存在，打开将失败
ios::out	写入方式打开文件。如果文件不存在，则创建一个给定名称的空文件
ios::trunc	截断：如果打开的文件存在，其内容将被丢弃，其大小被截断为零

表 3.2 中的多个标志可以使用二元运算符“|”进行组合。例如，ios::in | ios::out | ios::binary 表示以二进制方式打开文件并对文件进行读/写。

5. 关闭文件

在 C++ 中同时打开的文件数量是有限的。文件操作完成后应该及时关闭文件，这样可以尽早释放所占用的系统资源并将文件置于安全的状态。通过调用流的成员函数 close()可以关闭文件，文件关闭就是解除流对象和文件之间的绑定/关联。解除绑定后，该流文件还可以和其他文件进行绑定。例如：

```
ofstream out("demo.txt", ios::out);              //将 out 与 demo.txt 文件关联
…….
out.close();                                     //用完后及时关闭
out.open("test.dat", ios::out | ios::binary);    //将 out 与 test.dat 文件关联
```

6. 以文本方式读/写文件

可以通过使用流对象的流提取符 >> 和流插入符 << 完成对文本文件的读/写，其基本用法和标准的输入/输出流对象 cout 和 cin 一样，只不过将 cin 与 cout 换成了相应的文件流对象。在使用流提取符 >> 读取文本文件时，会自动将所读到的字符进行按照 ASCII 码进行转换，也会忽略空白字符。若不希望进行字符转换，可以使用成员函数 read()来读取；若不希望忽略空白字符，则可以采用函数 get()和 getline()来实现。例程 3-4 可完成文本文件的创建和写入，例程 3-5 则用于读取创建的文件并输出。

例程 3-4　写文本文件示例

```
#include<fstream>                                //文件流类头文件
#include<iostream>
using namespace std;
struct STUDENT                                   //学生结构体
```

```
{
    char strName[20];                      //姓名
    int  nGrade;                           //成绩
};
int main()
{
    ofstream out;
    out.open("d:\\a.txt");                 //打开或创建 a.txt 文本文件
    STUDENT st1 ={"张　三", 90};
    STUDENT st2 ={"李　四", 80};
    //----------把成绩信息存到文本文件---------------
    out<<st1.strName<<"\t"<<st1.nGrade<<endl;
    out<<st2.strName<<"\t"<<st2.nGrade<<endl;
    out.close();                    //关闭文件
    return 0;
}
```

程序输出：

在 D 盘根目录下的 a.txt 文件内容：

```
张　三　90
李　四　80
```

例程 3-5　getline()读文本文件示例

```
#include <fstream>
#include <iostream>
using namespace std;
int main()
{
    char*    ch=new char[80];
    string   name="d:\\a.txt";
    ifstream in(name);                 //打开文件读
    if(in==0)                          // if(!in)
    {  cout<<"文件打开失败！";
       return 0;                       //文件不存在
    }
    while(in.getline(ch, 80))
    {                                  //getline 按行读取，返回流对象
       cout<<ch<<endl;
       //读入内容输出到屏幕
    }
```

```
        delete ch;      in.close();
        return 0;
    }
```

程序输出：

```
C:\C++ STL\示例程序代码\chapter03\3-5 getline读...
张  三  90
李  四  80
```

7. 以二进制方式读/写文件

由于文件打开方式默认采用文本方式，因此若要以二进制方式读/写文件，需要在打开文件时设置文件的读/写模式 ios::binary。任何类型的文件均可用二进制方式进行读/写，在读/写过程中不会像文本文件一样对数据进行编码转换，因此也不能采用<<和>>运算符函数。

用于二进制文件的读/写函数分别是 read()和 write()，其定义形式如下：

```
istream& read ((char*) buffer, streamsize n);
ostream& write ((char*) buffer, streamsize n);
```

流对象可以通过调用 read()成员函数将来自文件的 n 个字节读取到 buffer(内存块首地址)中，也可以通过调用 write()成员函数将 buffer 中的 n 个字节写入到文件流所绑定的文件中。例程 3-6 以二进制文件的方式完成学生对象的读/写。

例程 3-6　读/写二进制文件

```
#include <iostream>
#include <fstream>
using namespace std;
struct STUDENT                                          //学生结构体
{
    char strName[20];                                   //姓名
    int  nGrade;                                        //成绩
};
bool ReadFile(string& file, STUDENT* st);
void WriteFile(string& file, STUDENT* st);
int main()
{
    STUDENT s[2]={{"张三", 95}, {"李四", 70}};          //结构体数组
    string filename="d:\\a.txt";
    WriteFile(filename, s);                             //写文件
    if(!ReadFile(filename, s))                          //读文件
        { cout<<"打开文件失败！";   return 0; }
    cout<<s[0].strName<<"\t"<<s[0].nGrade<<endl;
```

```
    cout<<s[1].strName<<"\t"<<s[1].nGrade<<endl;
    return 0;
}
void WriteFile(string& file, STUDENT* st)
{
    ofstream out(file);                              //打开或创建 a.txt
    out.write((char*)&st[0], sizeof(STUDENT));
    out.write((char*)&st[1], sizeof(STUDENT));
    out.close();
}
bool ReadFile(string& file, STUDENT* st)
{
    ifstream in(file);
    if(in==0)    return false;
    in.read((char*)st, sizeof(STUDENT));    st++;    //注意理解 st 指针
    in.read((char*)st, sizeof(STUDENT));
    in.close();
    return true;
}
```

程序输出：

```
C:\C++ STL\示例程序代码\chapter03\3-6 读写二进...
张三    95
李四    70
```

值得注意的是，例程 3-6 用二进制的方式对文件进行读/写。虽然读/写的文件 a.txt 从名称上看来仍然是一个文本文件，但其中的内容并不是按照文本文件的编码方式组织的，因此若用记事本程序打开 a.txt，并不能得到正确的结果，也许是一堆乱码，有兴趣的读者可以自行尝试。在编程实践中，对这样的二进制数据文件往往都采用.dat 作为文件后缀名。

8. 随机读/写文件

与顺序访问文件(从头至尾读/写文件)不同，随机访问文件允许从文件内任意位置处开始读/写。因此，为了实现文件的随机读/写，需要增加一个用于表示文件位置的指示符，即文件指针。文件指针是指文件的当前读/写位置，存在于流对象的内部。每读/写一个字节，文件指针向前移动(从文件头向文件尾的方向移动)一个字节。

用于移动文件指针的函数主要有：

```
ostream& seekp(long, int)          //seek 表示搜索；seekp 表示 seek and put，用于写文件
istream& seekg(long, int)          //seekg 表示 seek and get，用于读文件
```

seekp 和 seekg 函数可以将文件指针移动到指定位置，然后开始进行读/写。其参数(long int)是一组表示文件位置的值，其中第二个 int 型参数的取值可以是：

```
ios::beg        表示文件头位置(begin)
ios::end        表示文件尾位置(end)
ios:cur         表示当前位置(current)
```

long 类型的参数值表示在 int 型参数所提供的基准位置之上移动的偏移量。若为正数，表示文件指针向文件尾部移动的字节数；若为负数，则表示文件指针向文件头方向移动的字节数。例如，out.seekp(20L, ios::beg)表示从文件头位置向后移动 20 个字节。(long, int)确定文件指针的示意图如图 3-1 所示。

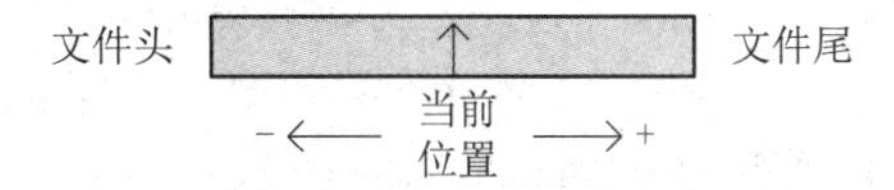

图 3-1　文件指针的表示与移动

除了上述移动文件指针的相关函数之外，C++STL 还提供了两个用于获取文件指针的函数，分别是：

```
long tellp()                //获取当前位置(相对于文件头的字节数)并用于写
long tellg()                //获取当前位置(相对于文件头的字节数)并用于读
```

注意：这两个函数的返回值是长整形数 long，因此其表示的范围是 2 的 32 次方，也就是 4GB 的大小。下面通过例程 3-7 来说明随机读/写文本文件的方法。

例程 3-7　随机读/写文本文件示例

```
#include <iostream>
#include <fstream>
using namespace std;
int main( )
{
    ifstream file("demo.txt") ;
    if (!file) { cout<<"文件打开失败";   return -1; }
    long     offset ;                    //偏移量
    char   ch ;                          //当前读取的字符
    int          next ;                  //下一个待读取的字符

    cout<<" 打开位置："<<file.tellg()<<endl ;
    cout<<"     定位到文件尾"<<endl;
    file.seekg(0L, ios::end);
    cout<<" 当前位置："<<file.tellg()<<endl ;

    cout<<"     定位到文件头"<<endl;
    file.seekg(0, ios::beg);
    cout<<" 当前位置："<<file.tellg()<<endl<<endl ;
```

```
    while(1)
    {
        cout<<" 输入正偏移量(0-14，负数结束)：" ;
        cin>>offset ;
        if(offset<0)
        { file.close( ); return -1; }
        file.seekg(offset, ios::beg) ;            //文件头的偏移
        file.get(ch) ;                            //区别：file>>ch;
        cout<<" 读取的字符："<<ch<<", "<<"0x"<<
             hex<<int(ch)<<", "<<dec<<int(ch)<<endl ;
        cout<<" 下一个位置："<<file.tellg()<<endl ;
        next = file.peek();
        cout<<" 下一个字符："<<(char)next<<", "<<"0x"
             <<hex<<next<<", "<<dec<<next<<endl;
    }
    return 0;
}
```

程序输出：

```
C:\C++ STL\示例程序代码\chapter03\3-7 随机读写...
打开位置：0
  定位到文件尾
当前位置：14
  定位到文件头
当前位置：0

输入正偏移量(0-14，负数结束)：0
读取的字符：1,0x31,49
下一个位置：3
下一个字符：2,0x32,50
输入正偏移量(0-14，负数结束)：4
读取的字符：5,0x35,53
下一个位置：7
下一个字符：
,0xa,10
输入正偏移量(0-14，负数结束)：7
读取的字符：A,0x41,65
下一个位置：9
下一个字符：B,0x42,66
输入正偏移量(0-14，负数结束)：-1
```

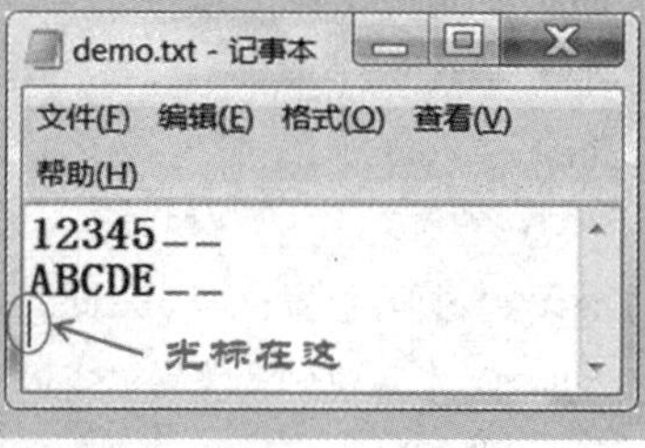

```
demo.txt - 记事本
文件(F) 编辑(E) 格式(O) 查看(V)
帮助(H)
12345__
ABCDE__
|  ← 光标在这
```

3.4　字符串I/O流类

C++ STL 在头文件<sstream>中定义了三种字符串流类：istringstream 是用于读 string 的输入流，ostringstream 是用于写 string 的输出流，stringstream 则用于读/写 string 的 I/O 流。与<fstream>类型类似，头文件<sstream>中定义的类型都继承自<iostream>头文件中的

类型，同时也继承了相应的操作。

字符串 I/O 流的用法与标准 I/O 流相同，不同的是其绑定到 string 对象上，而不是与文件或标准输入/输出设备进行绑定，如例程 3-8 所示。

例程 3-8　字符串 I/O 流例程 1

```
#include <iostream>
#include <sstream>        //字符串流头文件
using namespace std;
int main()
{
    int n ;   float f ;
    string  s1, s2;
    string  s3="1   3.14   4.55 hello" ;
    istringstream str(s3);
    //----string 流对象 str 与 s3 绑定---
    str>>n>>f>>s1>>s2;
    cout<<"n= "<< n <<endl;
    cout<<"f= "<< f <<endl;
    cout<<"s1="<<s1<<endl;
    cout<<"s2="<<s2<<endl;
    return 0;
}
```

程序输出：

```
C:\C++ STL\示例程序代码\chapter03\3-8 字符串流(...
n= 1
f= 3.14
s1=4.55
s2=hello
```

例程 3-8 中通过 istringstream str(s3) 将字符串 s3 与 string 流对象 str 进行了绑定，然后通过 str 流对象将 s3 中的字符依次赋值给了 n、f、s1 和 s2。由此可见，字符串流对象的用法与之前的标准输入/输出流和文件输入/输出流是类似的。

利用字符串流对象还可以合并不同类型数据到一个字符串中，如例程 3-9 所示。

例程 3-9　字符串 I/O 流例程 2

```
#include <iostream>
#include <sstream>
using namespace std;
int main()
{                        //合并不同类型数据到一个字符串中
```

```
    cout<<"键入一个整数、浮点数、字符串：\n";
    int i ;
    float f ;
    char s[80] ;
    cin>> i >> f ;
    cin.getline(s, 80);
    //----------------------------------------
    ostringstream os;            //输出字符串流对象
    os<<"整　数："<< i <<endl;
    os<<"浮点数："<< f <<endl;
    os<<"字符串："<< s <<endl;
    string result = os.str();
    cout<< result <<endl;
    return 0;
}
```

程序输出：

```
C:\C++ STL\示例程序代码\chapter03\3-9 字符串流(...
键入一个整数、浮点数、字符串：
1 3.14 hello
整  数：1
浮点数：3.14
字符串： hello
```

最后，还可以利用字符串流来实现数据类型的转换，如例程 3-10 所示。

例程 3-10　字符串 I/O 流例程 3

```
#include <iostream>
#include <sstream>
using namespace std;
int main()               //数据类型转换
{
    int    i ;
    float  f = 25.9;
    stringstream s;      //字符串流对象
    s<<f ;
    s>>i ;
    cout<<"i="<< i <<endl ;
    s.str("");           //重复使用前，须清空流
    s<<i+5.2;
    s>>f;
```

```
        cout<<"f="<< f <<endl;
        return 0;
    }
```

程序输出：

由于在字符串流中对两个流运算符<<和>>均进行了函数重载，因此它可以支持不同类型的数据输入和输出。例程 3-10 正是利用这一点，将待转换的两个不同类型的数据 i(int)和 f(float)分别作为字符串流对象 s 的输入与输出，从而实现了类型转换。

本 章 小 结

C++ 标准库中用于实现 I/O 操作的类分别定义在三个独立的头文件中：

<iostream>定义了读/写流的基本类型；

<fstream>定义了读/写文件的类型；

<sstream>定义了读/写 string 对象的类型。

使用流对象之前需要先在流对象与控制台、文件或字符串对象之间建立关联，然后就可以通过对流的输入/输出操作完成对应对象的输入与输出；在读/写过程中要注意可能发生的错误并对错误进行处理；最后在读/写完成后需要解除流与对象之间的绑定。

本章首先介绍了各类读/写流类型的构造方法、成员函数及条件状态，然后讲述了在读/写文件时需要注意文本文件方式和二进制方式之间的差别，其次介绍了不同的文件读/写标志指明了打开文件后应如何使用文件的文件模式，最后讲述字符串 I/O 流可以灵活地合并不同类型的数据以及完成数据类型的转换。

课 后 习 题

一、概念理解题

1. 头文件<iostream>中所定义的四个标准流对象分别是什么？分别有什么作用？
2. cin 有什么不足？要克服这个问题可以改用哪些流成员函数？
3. 请简述二进制文件与文本文件在内部存储、读/写方式上的差异以及各自的优缺点。
4. 要实现随机访问文件，需要使用<istream>和<ostream>中的哪些成员函数？

二、上机练习题

1. 理解本章所有例题并上机练习，回答提出的问题并说明理由。
2. 编写程序，将用户从键盘输入的若干字符串按行写入到文件中，直到输出 end 为止。最后读取文件中的内容输出并显示在屏幕上。

3. 函数 eof()能够返回流状态信息，rdstate()能够返回状态特征值，good()表示正常无错误，fail()表示遇到非法数据导致输入/输出失败。请将下面的程序补充完整并上机验证：

```
#include <iostream>
using namespace std;
int main()
{
    int a;
    cout <<"输入一个数据: ";
    cin>>a;
    cout<<"状态值为: "<<cin.__________<<endl;
    if(cin.__________)
    {
        cout<<"输入数据的类型正确！"<<endl;
    }
    if(____________)
    {
        cout<<"输入数据类型错误！"<<endl;
    }
    return 0;
}
```

4. 阅读下列程序，变量 n 的作用是什么？写出运行结果并上机验证。

```
#include <iostream>
using namespace std;
int main()
{
    int i,n;
    for(i=32; i<127; i++)
    {
        cout<<char(i)<<"";
        n++;
        if(n%15==0) cout<<endl;
    }
}
```

5. 定义一个学生类 Student，包含学生姓名、学号以及成绩数据成员；重载输出流运算符 operator<<，用于输出上述三个成员；在 main 函数中建立若干 Student 对象，将这些

对象保存到数据文件中；最后读取并显示文件内容。

6. 下列程序的功能是什么？请上机验证。

```
#include <iostream>
#include <fstream>
using namespace std;
int main() {
    int i=1;
    char a[100];
    ifstream ifile("3-2.cpp");
    ofstream ofile("3-2-1.cpp");
    while(!ifile.eof())
    {
        ofile<<i++<<":";
        ifile.getline(a, 99);
        cout<<a<<endl;
        ofile<<a<<endl;
    }
    ifile.close();
    ofile.close();
    return 0;
}
```

7. 请编写一个程序，统计并输出一篇英文文章中行数和英文单词的个数。

8. 读取文件 nameList.txt 中的候选人名单，随机抽取三位候选人作为获奖者，将获奖人信息输出到屏幕上同时保存到文件 winner.txt 中。

9. 编写程序，从文本文件 grade.txt(每行是一个成绩分数)中读取分数，然后输出平均分及最高和最低分。

第四章　C++ STL String

string 是 C++ 的字符串类型，用于处理可变长的字符串。C 语言中并没有专门的字符串类型，因此对字符串的处理是通过字符数组来存储和表达的。C++ 语言实现了字符串类 string，并提供了对应的字符串处理功能，包括添加、删除、搜索、比较、取子串等操作；同时还提供了字符串迭代器，用于访问 string 中的元素。

本章主要内容

- 字符串的创建；
- 字符串迭代器；
- 字符串容量；
- 访问字符串的元素；
- 修改字符串；
- 字符串操作；
- 字符串综合示例。

4.1　字符串的创建

构建一个字符串对象的方法有很多。string 类中有多个重载的构造函数，用于初始化一个字符串类的对象。这些构造函数的用法如表 4.1 所示。

表 4.1　string 对象的初始化

构建函数	作　　用
string str	初始化一个空串 str
string s("123456789")	利用字符串常量初始化对象 s。s 并不包含字符串常量最后的“\0”
string str(s)	str 是 s 的副本，str="123456789"
string str(s, 2)	使用 s[2…end]初始化，str="3456789"
string str(s, 2, 5)	使用从 s[2]开始、长度为 5 的字串初始化 str，str="34567"
string str(5, 'c')	用 5 个字符’c’初始化 str，str="ccccc"
string str(s.begin(), s.end())	使用迭代器初始化 str，str="123456789"

4.2 字符串迭代器

与数组类似，string 也支持通过下标运算符来访问字符元素，同时还提供了另外一种访问方式——迭代器(iterator)访问，这也是在标准库中所定义的标准容器中所广泛支持的访问方式。迭代器也是一种标准库类型，其作用类似于指针，用于表示元素的位置。我们在使用指针时，需要特别注意指针的有效性，防止出现“野指针”(指向一个已删除的对象或某块随机的内存空间)。同样，迭代器也有有效和无效之分，有效的迭代器指向某个特定的元素或者容器中末尾元素的后一个位置；其余情况均为无效。

在后续的章节中，我们还会详细讨论迭代器，本章只介绍解迭代器的基本使用。

4.2.1 字符串迭代器的定义

由于并没有给出迭代器的准确类型，因此在定义迭代器对象的时候往往采用 iterator 和 const_iterator 来表示迭代器的类型。const_iterator 类似于常量指针，这种迭代器只能读取所指向的元素而不能修改这些元素，iterator 则没有这样的限制。例如，可以定义一个指向 string 对象元素的迭代器 itr 和 citr：

```
string::iterator itr;                // itr 可以读/写 string 对象的字符
string::const_iterator citr;         // citr 只能读取 string 对象的字符，不能写
```

4.2.2 字符串迭代器的赋值

一般地，拥有迭代器的类型都同时具备返回迭代器的成员函数，这些成员函数负责返回指向元素位置的迭代器。常用的成员函数有 begin 和 end，其中 begin 返回指向第一个元素的迭代器，而 end 则返回指向最后一个元素下一个位置(尾后)的迭代器。注意：这个位置本身是没有意义的，也不对应任何元素，因此返回这个位置的主要目的是用做一个结束标志，表示已经将所有的元素进行了处理。

如图 4-1 所示，vec.begin()返回指向容器 vec 第一个元素的迭代器；vec.end()返回指向容器 vec 最后一个元素之后位置的迭代器；vec.rbegin()则在逻辑上从后往前(反向)看待容器元素，返回指向容器 vec 最后一个元素的迭代器；vec.rend()对应返回 vec 第一个元素之前位置的迭代器。

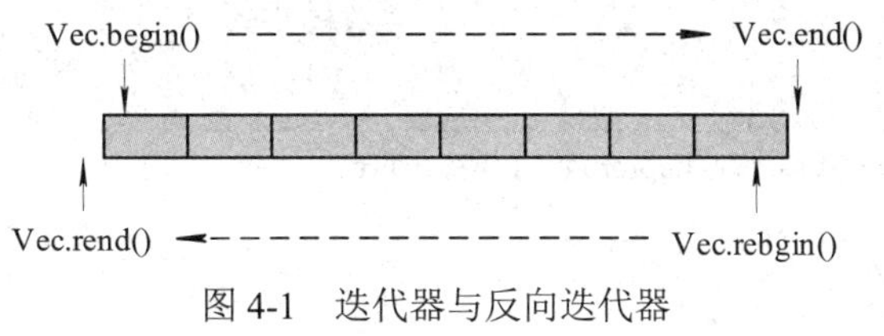

图 4-1 迭代器与反向迭代器

小贴士：

成员函数 rbegin 和 rend 所返回的迭代器又称为反向迭代器。由于其遍历容器元素的方向是从后往前，因此在此类迭代器上所作的运算方向也与一般的迭代器相反。但是并非每种迭代器都允许反向迭代器，例如流迭代器就不允许。

4.2.3　字符串迭代器的运算

只要字符串迭代器正确指向了某个字符元素，就可以使用解引用符*来获取相应的字符。此外，还可以对迭代器进行++与--运算，从而使迭代器指向相邻的后一个元素或者前一个元素。下面通过一个实例来说明字符串迭代器的使用。

例程 4-1　字符串迭代器与反向迭代器

```
#include <iostream>
#include <string>                                           //string 类头文件
using namespace std;
void main()
{
    string   line("One,Two,Three");
    cout<<string(line.begin(),   line.end()) <<endl;        //正向遍历容器
    cout<<string(line.rbegin(), line.rend())<<endl;         //反向遍历容器
    //-------------------------------------------
    string::iterator itr ;                                  //定义迭代器
    for(itr=line.begin(); itr!=line.end(); itr++)
        cout<<*itr;
    cout<<endl;
    //-------------------------------------------
    for(itr=line.end()-1; itr!=line.begin(); itr--)
        cout<<*itr;
    cout<<*itr<<endl;
    //-------------------------------------------
    string::reverse_iterator   ritr;                        //定义反向迭代器
    for(ritr=line.rbegin();   ritr!=line.rend();   ritr++)
        cout<<*ritr;
    cout<<endl;
}
```

程序输出：

```
C:\C++ STL\示例程序代码\chapter04\4.1 字符串迭代...
One, Two, Three
eerhT, owT, enO
One, Two, Three
eerhT, owT, enO
eerhT, owT, enO
```

例程 4-1 通过对 string 对象的正向与反向遍历说明了字符串迭代器的使用方法，需要留意的是示例中的三个 for 循环：

第一个 for 循环是一个标准的正向遍历。首先利用 begin 函数对迭代器进行初始化，然后通过 ++ 运算符修改迭代器，不断向后移动迭代器所指向的元素并输出，直到迭代器的值等于 end 后退出循环，完成整个字符串的遍历。

第二个 for 循环则是从后向前的反向遍历。此处并未使用反向迭代器，因此在初始化迭代器的时候使用了 line.end() – 1 来指向字符串的最后一个元素，然后利用自减运算符修改迭代器，不断向前移动迭代器并输出所指向的元素，直到第一个元素时退出循环。由于此时第一个元素并未输出，因此在 for 循环之后单独输出了第一个元素。

第三个 for 循环则采用反向迭代器遍历输出字符元素，其遍历方向为从后往前，因此除了使用 rbegin 和 rend 分别作为初始化和循环结束条件之外，其余内容与第一个 for 循环完全一致。由于方向相反，因此对迭代器使用++运算符时，迭代器的移动方向是从后往前，指向前一个而非后一个字符。

4.3　字符串容量

字符串并非 C++ STL 中的标准容器，但是却具备许多与容器类似的特性，4.2 所讨论的迭代器就是其一，第二个特性则与字符串的容量有关。成员函数 size 和 length 都能返回字符串的长度，表示字符串由多少个字符元素所构成(保留 length 函数的目的主要是为了与 C 语言兼容)。而字符串容量(capacity)则表示在不重新分配内存的情况下所允许的最大字符数。每个 string 对象都对应一块单独的内存区块，考虑到字符串的大小可能发生变化，一般都会给字符串对象分配一块大于其实际字符数的内存空间，这块空间大小就用 capacity 来表示。capacity 大于等于 size，这样做的目的是为了尽量防止重新分配内存，因为一旦字符串的长度 size 大于所预留分配的容量 capacity，系统就需要重新分配内存，以容纳更多的字符元素。重新分配内存一是很耗费系统时间，二是还会造成所有指向 string 的迭代器失效。

C++ 提供了许多字符串成员函数，用来操作或返回字符串容量和大小。表 4.2 给出了与字符串容量相关的成员函数。

表 4.2　与字符串容量相关的成员函数

成员函数	作　用
size 和 length	返回字符串长度
empty	判断字符串是否为空
clear	清空字符串
max_size	返回字符串最大长度
resize	修改字符串长度，不重新分配空间
capacity	返回不重新分配内存的最大字符数
reserve	增加字符串空间

resize 成员函数可以修改字符串的长度 size，但并不会重新分配空间；reserve 成员可

以人为增加字符串的保留空间，调整字符串的 capacity；与字符串容量相关的成员还有一个 max_size，用于返回 C++ 允许的字符串最大长度。

例程 4-2 讲述了与字符串相关的成员函数。

例程 4-2　字符串容量

```
#include <iostream>
#include <string>                        //string 类头文件
using namespace std;
int main()
{
    string str("0123456789");
    str.reserve(12);                     //重新分配空间，保留字符数
    cout<<"str="<<str<<endl;
    //str.resize(8);                     //修改字符串：多去少补('a')
        cout<<"str="<<str<<endl;
    int size=str.size();
    int length=str.length();
    int capacity=str.capacity();         //初值 15，每次+16
        // capacity: 与 resize 和 reserve 都有关
    unsigned long maxsize=str.max_size();
        //__int64, 2^32=4294967296(4)
    cout<<"size="<<size<<endl;
    cout<<"length="<<length<<endl;
    cout<<"capacity="<<capacity<<endl;
    cout<<"maxsize="<<maxsize<<endl;
    if( !str.empty() )   str.clear();    //判空与清空
    cout<<"str="<<str<<endl;
}
```

程序输出如下：

```
C:\C++ STL\示例程序代码\chapter04\4.2字符串容量....
str=0123456789
str=0123456789
size=10
length=10
capacity=20
maxsize=4294967289
str=
```

可以看到，例程 4-2 中的字符串 str 包含 10 个字符，因此大小(size)为 10，但系统给 str 预留的空间 capacity 等于 20，大于其自身的 size。在程序中，还可以通过 reserve 方法改变字符串的预留空间。

4.4　访问字符串的元素

在很多情况下，都需要对字符串中的单个或部分字符进行处理，此时面临的一个重要问题就是如何访问字符元素。通常可以采用下标运算符[ ]来访问特定位置的元素，[ ]接收的参数表示要访问元素的位置，并返回该位置上的元素的引用。在使用下标运算符访问元素时，特别要注意检查下标值的合法性，因为下标值是从0开始的，所以最后一个元素的下标必然是 size－1。要注意 C++并不会检测下标值是否合法，所以当程序中给出的下标值超出了[0, size－1]范围时，就会触发断言。断言 assert 是指在 debug 版本起作用的宏，用于检查“不应该”发生的情况。在运行过程中如果触发 assert，则程序会中止并出现提示信息。

除了使用下标运算符访问元素，string 还提供了一个成员函数 at 来访问元素。与下标运算符不同的是，这个 at 成员并不会在越界时触发断言，而是触发异常，因此我们可以使用 try{……}catch{……}来进行错误处理。例如：

```
string str("string");
char c;
c=str[str.length()];            //返回 '/0'
c=str[50];                      //此时由于下标越界，触发断言
c=str.at(str.length());         //触发异常
```

4.5　修改字符串

string 提供了大量用于修改字符串的成员函数，这些成员函数可以对字符串进行赋值、追加、插入、删除和替换操作。本节通过多个示例来对这些成员函数的用法加以说明。

4.5.1　用于修改字符串的相关成员函数

表 4.3 给出了用于修改字符串的相关成员函数。

表 4.3　修改字符串

用于修改字符串的相关成员函数	作　用
assign	给字符串赋值
operator+=	追加字符串(简单)
append	追加字符串(灵活)
push_back	追加单个字符
insert	插入字符串
erase	删除部分字符串
replace	替换部分字符串
swap	两个字符串交换内容

4.5.2　修改字符串——assign 赋值

assign 用于给字符串赋新值，并替换字符串原有的值。assign 有多个不同的重载形式，可以提供灵活的赋值方法。尤其是在进行部分赋值时，既可以用“赋值起始位置+长度”的方式表示赋值区间，也支持用迭代器来表示赋值区间。下面通过例程 4-3 来进一步掌握 assign 函数的用法。

例程 4-3　修改字符串——赋值

```
#include <iostream>
#include <string>
using namespace std;

int main()
{   string s1("012345abcdef");
    string s2;
    s2.assign(s1);                  //默认形式，将 s1 的值拷贝到 s2 中
    cout<<s2<<endl;
    s2.assign(s1, 6, 3);   //赋子串，在 s1 中，从下标为 6 的字符开始，将长度为 3 的字串赋值给
                           s2。若 s1 长度不足以得到指定字串，则取到 s1 的末尾即可
    cout<<s2<<endl;
    s2.assign(s1, 2, s1.npos);
    //s1.npos 是一个静态常量，表示字符串的结尾处
    cout<<s2<<endl;
    s2.assign(5, 'X');                  //拷贝 5 个字符´X´给 s2
    cout<<s2<<endl;
    string::iterator   itB=s1.begin();        //迭代器
    tring::iterator   itE=s1.end();
    s2.assign(itB, itE);
    //将迭代器所示范围[first,last)内的元素拷贝到 s2 中
    cout<<s2<<endl;
    s2.assign(itB, itE-2);
    cout<<s2<<endl;
    return 0;
}
```

程序输出：

```
C:\C++ STL\示例程序代码\chapter04\4.3 修改字符串...
012345abcdef
abc
2345abcdef
XXXXX
012345abcdef
012345abcd
```

4.5.3　修改字符串——追加

向字符串中追加内容一般有三种方法，一是采用运算符“+=”进行追加。这种调用形式简单，可以追加单个字符或者整个字符串，但灵活性不够，比如无法追加某个字符串的一部分(子串)。二是采用 append 成员函数进行追加。append 成员有多种重载形式，可以很方便灵活地表达字符串子串，也支持迭代器所表示的[first,last)范围的字符集合。三是调用 push_back 成员。push_back 成员函数在许多容器中都有实现，可用于在容器末尾追加一个新的元素或字符。例程 4-4 举例说明了 append 函数的不同用法，读者可以自行比对程序代码与程序输出，体会 append 函数的多种调用形式。

例程 4-4　修改字符串——追加

```
#include <iostream>
#include <string>
using namespace std;
int   main()
{   string s1("123456");
    string s2="abcdef";
    s1.append(s2);                    //在 s1 之后追加 s2 的全部内容
    cout<<s1<<endl;
    s1.append(s2, 2, 3);
    //在 s1 之后追加 s2 中从下标 2 开始、长度为 3 的子串"cde"
    cout<<s1<<endl;
    s1.append("ABCDE", 2);
    //在 s1 之后追加字符串“ABCDE”前两个字符构成的子串“AB”
    cout<<s1<<endl;
    s1.append("ABCDE", 0, 3);      //在 s1 之后追加字符串“ABCDE”中从下标 0 开始、长度为 3
的子串“ABC”
    cout<<s1<<endl;
    s1.append(3, 'X');                //在 s1 后追加 3 个字符“X”
    cout<<s1<<endl;
    //---------追加单个字符---------------------
    s1.append(1, 'Y');
    cout<<s1<<endl;
    s1.push_back('Z');
    cout<<s1<<endl;
    s1+="W";
    //采用运算符“+=”追加字符“W”到 s1
    cout<<s1<<endl;
    return 0;
}
```

程序输出：

```
C:\C++ STL\示例程序代码\chapter04\4.4修改字符串...
123456abcdef
123456abcdefcde
123456abcdefcdeAB
123456abcdefcdeABABC
123456abcdefcdeABABCXXX
123456abcdefcdeABABCXXXY
123456abcdefcdeABABCXXXYZ
123456abcdefcdeABABCXXXYZW
```

4.5.4　修改字符串——插入与删除

string 提供了 insert 和 erase 两个成员，用于实现一般的插入和删除操作。与 append 只能在字符串的末尾插入新元素不同的是，insert 成员允许在字符串的任意合法位置插入内容。当然，这样做也必须增加一个用于表示插入位置的参数。与插入相对应的删除操作可以通过调用 erase 成员来完成，其调用形式与参数个数都与 insert 类似。

insert 成员函数有多种重载形式，其基本形式是：

```
string& insert (size_t pos, const string& str);
```

该函数可用于在特定位置插入一个字符串 str 的拷贝。其中第一个参数 pos 表示插入位置的下标值。pos 的类型是 size_t，这是在 string 类以及其他许多标准库类型中都定义了的一个配套类型，读者不必深究其细节，只需要知道这是一个无符号类型并且其取值可以用于表示插入位置即可。

erase 成员的基本函数原型是：

```
string& erase (size_t pos = 0, size_t len = npos);
```

其中，pos 表示删除起点；len 表示需要删除的字符长度，缺省值为删除起点到结尾处的字符数。

例程 4-5 描述了两者的用法。

例程 4-5　字符串的插入与删除

```
#include <iostream>
#include <string>
using namespace std;
int   main()
{
    string s1("0123456789");
    string s2="abcd";           cout<<"s1="<<s1<<endl;
    s1.erase(7);                cout<<"s1="<<s1<<endl;
    s1.erase(3, 2);             cout<<"s1="<<s1<<endl;
    s2.insert(2, s1);           cout<<"s2="<<s2<<endl;
    s2.insert(0, "ABC");        cout<<"s2="<<s2<<endl;
    s2.insert(3, "西华大学");    cout<<"s2="<<s2<<endl;
```

```
        cout<<s2.size()<<endl;
        cout<<s2.insert(4, "Y")<<endl;
        cout<<s2.erase(4, 1)<<endl;
        cout<<s2.insert(5, "Y")<<endl;
        return 0;
    }
```

程序输出：

```
选择C:\C++ STL\示例程序代码\chapter04\4.5修改字...
s1=0123456789
s1=0123456
s1=01256
s2=ab01256cd
s2=ABCab01256cd
s2=ABC西华大学ab01256cd
20
ABC蛋骰  笱  b01256cd
ABC西华大学ab01256cd
ABC西Y华大学ab01256cd

--------------------------------
```

由于英文字符的 ASCII 编码为单字节编码，而汉字则为双字节编码，因此在中英文混合的字符串中插入字符时要特别注意。比如例程倒数第四行的 s2.insert(4,"Y")，并不能达到插入字符串“Y”到“西”和“华”字中间的目的。这是由于汉字“西”占据两个字节，因此插入位置刚好在汉字“西”所占据的两个字节的中间，导致英文字母“Y”与汉字“西”的第一个字节组合在一起，从而得到一个错误的编码，同时还影响了后续汉字的字节组合关系。正确的插入方式应该是执行 s2.insert(5,"Y")，这样才能得到期望的输出。

4.5.5 修改字符串——替换与交换

string 的 replace 成员用于替换全部或部分字符串。为了表示替换区间，需要在替换起点位置 pos 的基础上增加一个新的参数 len，用于表示长度范围。另外，replace 也支持采用迭代器来表达替换区间。replace 的重载形式如表 4.4 所示。

表 4.4 replace 的重载形式

1	string& replace (size_t pos, size_t len, const string& str);	基本形式
2	string& replace (iterator i1, iterator i2, const string& str);	用迭代器表示被替换的字符串子串
3	string& replace (size_t pos, size_t len, const string& str, size_t subpos, size_t sublen);	用目标字符串 str 的子串进行替换
4	string& replace (size_t pos, size_t len, size_t n, char c);	用 n 个字符 c 替换
5	string& replace (iterator i1, iterator i2, InputIterator first, InputIterator last);	对迭代器对应[first,last)范围的字符进行替换

swap 成员用于交换两个字符串对象，这两个字符串对象的长度可以不相等。这就说明其交换的并非字符串的内容，而是字符串的引用地址。有兴趣的读者可以自行编程验证。swap 调用简单，没有任何的重载形式。例程 4-6 讲述了 replace 与 swap 的基本用法。

例程 4-6　修改字符串——替换与交换

```
#include <iostream>
#include <string>
using namespace std;
int    main()
{
    string s1("0123456");
    string s2="abcdef";              cout<<"s1="<<s1<<endl;
    s1.replace(2, 3, s2);            cout<<"s1="<<s1<<endl;
    s1.replace(2, 6, s2, 2, 3);      cout<<"s1="<<s1<<endl;
    s1.replace(0, 5, s1, 1, 3);      cout<<"s1="<<s1<<endl;
    s1.replace(1, 2, 5, 'X');              cout<<"s1="<<s1<<endl;
    string::iterator itB=s1.begin();
    string::iterator itE=s1.end();
    s1.replace(itB+1, itE-4, s2);    cout<<"s1="<<s1<<endl;
    s1.swap(s2);                     cout<<"s2="<<s2<<endl;
    cout<<"s1="<<s1<<endl;
    return 0;
}
```

程序输出：

```
C:\C++ STL\示例程序代码\chapter04\4-6修改字符串...
s1=0123456
s1=01abcdef56
s1=01cde56
s1=1cd56
s1=1XXXXX56
s1=1abcdefXX56
s2=1abcdefXX56
s1=abcdef
```

4.6　字符串对象上的操作

4.6.1　字符串对象上的操作函数

与 4.5 节所介绍的字符串修改函数不同的是，本节所用到的字符串操作函数并不会对字符串的内容做任何改变。主要的字符串操作函数如表 4.5 所示。

表 4.5　主要的字符串操作函数

字符串操作函数	作　用	备　注
c_str()	返回 const char*	兼容 C 语言
data()	返回 const char*	
copy()	从字符串中拷贝内容到字符数组中	
find()	从前往后查找	字符串查找函数，用法类似
rfind()	从后往前查找	
find_first_of()	查找第一次出现的位置	
find_last_of	查找最后一次出现的位置	
find_first_not_of	从前往后查找第一个不在候选字符串中的字符位置	
find_last_not_of	从后往前查找第一个不在候选字符串中的字符位置	
substr()	取子串	
compare()	串比较	

4.6.2　字符串操作——C-string

C-string 表示 C 语言风格的字符串。在 C++ string 中，为了向下兼容 C 语言，提供了 c_str()和 data()两个成员函数，它们都能将 string 对象转换成与 C 语言兼容的字符数组形式，并在字符数组的最后加上‘\0’作为结束标志，然后返回相应的字符指针。下面通过例程 4-7 来说明这两个成员函数的用法。

例程 4-7　字符串操作——C-string

```
#include <iostream>
#include <string>
#include <string.h>
using namespace std;
int   main()
{
    string   s("abcdefghij");              //原 string 字符串
    cout<<"s:"<<s<<endl;
    cout<<"s.length():"<<s.length()<<endl<<endl;
    // data()  操作
    const char* d=s.data();                //去掉 const  语法错误
    cout<<"d: "<<d<< endl;
    cout<<"strlen(d):"<<strlen(d)<<endl<<endl;
    // c_str()  操作
    const char* cs = s.c_str();            //去掉 const 语法错误
    cout<<"cs:"<<cs<<endl;
```

```
        cout<<cs[0]<<endl;
        //cs[0]='b';                      //尝试修改数组元素会导致错误
        cout<<"strlen(cs):"<<strlen(cs)<<endl<<endl;
         char buffer[20];
         s.copy(buffer,10);
         buffer[0]='b';                   //允许修改数组元素
         cout<<"strlen(buffer)"<<strlen(buffer)<<endl;
         cout<<"buffer:"<<buffer<<endl;
        return 0;
    }
```

程序输出：

```
C:\C++ STL\示例程序代码\chapter04\4-7字符串操作...
s:abcdefghij
s.length():10

d: abcdefghij
strlen(d):10

cs:abcdefghij
a
strlen(cs):10

strlen(buffer)10
buffer:bbcdefghij
```

需要注意的是，不管是调用成员 c_str 还是调用成员 data 所返回的字符指针都必须是常量指针。若去掉 const，在编译时会导致语法错误。这也就意味着，若尝试使用这样的指针去修改对应的字符数组是不允许的。若需要对相应的字符数组进行修改，可以使用成员函数 copy。copy 能将特定的 string 拷贝到一个新的字符数组中(如例程 4-7 中的 buffer)，但并不会在数组的最后加上‘\0’；对 buffer 中的元素进行修改则是允许的。

4.6.3　字符串操作——查找

在字符串中查找特定子串是最常用的字符串操作之一。C++string 类中也提供了一系列用于查找的相关成员，其中最常用的莫过于 find。find 成员有多种重载形式，分别支持单个字符的查找、子字符串的查找以及 C 语言风格字符子串的查找。find 参数有两个，第一个参数表示要查找的目标子串或字符，第二个参数则表示查找的起始位置。若成功找到目标子串或字符，find 将返回子串第一次出现的位置；否则返回 npos(串尾)，表示未能找到特定子串。下面通过例程 4-8 加以说明。

例程 4-8　字符串操作——查找

```
#include <iostream>
#include <string>
using namespace std;
int   main()
```

```
{   //查找单个字符
    string str1 ( "Hello Everyone" );
    cout<<"str1: "<< str1 << endl;
    int index;
    index = str1.find ('e', 2);
    //str1[2]开始查找，缺省为 0，从 str1[0]开始查找
    if (index != string::npos )              // npos=-1 串尾
        cout<<"e: "<< index << endl;
    index = str1.find ("x");
    if (index == string::npos )
        cout<<"x: 没找到"<<endl<<endl;
    // 查找 C 语言风格的子串 (C-string)
    string str2("make this perfectly clear");
    cout <<"str2: "<< str2 << endl;
    char *cstr = "perfect";                  // C-string
    index = str2.find(cstr, 5);
    if( index != string::npos )
        cout<<"perfect: "<< index << endl;
    cstr = "imperfectly";
    index=str2.find( cstr, 0);
    if (index == string::npos )
        cout<<"imperfect: 没找到."<<endl<<endl;
    // 查找子串(string)
    string str3("clearly this unclear");
    cout <<"str3: "<< str3 << endl;
    string substr("clear");
    index=str3.find (substr, 1);             //从位置 1 开始往后查找，跳过第一个 clear
    if(index !=string::npos)
        cout<<"clear: "<<index<<endl<<endl;
     return 0;
}
```

程序输出：

```
C:\C++ STL\示例程序代码\chapter04\4-8字符串操作...
str1: Hello Everyone
e: 8
x: 没找到

str2: make this perfectly clear
perfect: 10
imperfect: 没找到.

str3: clearly this unclear
clear: 15
```

C++ string 还提供了一个成员 rfind。rfind 的功能和参数都与 find 非常类似，只是在查找方向上与 find 不同。rfind 是从字符串尾部向头部逐一匹配，返回找到的第一个匹配位置。如例程 4-8 中的字符串 str3(“clearly this unclear”)，要查找的子串为 substr(“clear”)，则语句 str3.find(substr)返回 str3 中第一个“clear”的位置 0，str3.rfind(substr)则返回最后一个“clear”的位置 15。

1. find_first_of 与 find_last_of

与函数名称的字面含义不同的是，find_first_of 与 find_last_of 并非用于从两个方向去查找特定目标字串，而是用于查找与目标子串中“任意”一个字符匹配的位置。例如下列代码将会返回 s 中出现的第一个数字 1 和最后一个数字 9 的位置下标：

```
string s="How old are you? I am 19 years old";
string n="0123456789";
auto pos1=s.find_firts_of(n);          //从前往后查找 s 中匹配 n 中任意一个字符的位置
auto pos2=s.find_last_of(n);           //从后往前查找 s 中匹配 n 中任意一个字符的位置
```

字符串 n 中包含 0～9 共 10 个数字，在字符串 s 中从前往后进行匹配。只要有字符与字符串 n 中的任意一个数字匹配就返回，因此 pos1 得到的就是第一个数字 1 的位置。同样，pos2 得到的是从后往前查找到的第一个与字符串 n 中任意一个数字匹配的位置，也就是数字 9 的位置。

2. find_first_not_of 与 find_last_not_of

顾名思义，find_first_not_of 与 find_last_not_of 用于搜索第一个不在目标串中的字符。例如，下列代码用于获取学生姓名的起始位置与结束位置：

```
string s="3103419980315 张三 18999999999";
string n="0123456789";
auto pos1=s.find_firts_not_of(n);          //从前往后查找 s 中第一个非数字字符
auto pos2=s.find_last_not_of(n);           //从后往前查找 s 中第一个非数字字符
```

位于 pos1 与 pos2 之间的内容即为字符串 s 中的学生姓名“张三”。

4.6.4　字符串操作——取子串 substr()

substr 成员函数用于取出字符串中某一连续的部分，并将其构造成一个新的字符串。其函数原型为：

```
string substr (size_t pos = 0, size_t len = npos) const;
```

其中，pos 表示截取子串的起始位置，len 表示截取的字串长度，在实践中往往与其他字符串函数搭配使用。例程 4-9 用于从学生信息字串中截取出学生学号、姓名以及联系电话。

例程 4-9　字符串操作——取子串 substr()

```
#include <iostream>
#include <string>
using namespace std;
int main()
```

```
{
  string s1("3103419980315 张三 18999999999");
  string number("0123456789");
  unsigned int lenOfName;
  cout<<"s1:"<<s1<<endl;
  cout<<"s1.length:"<<s1.length()<<endl;
  string s2=s1.substr(0, 13);                    //截取学生信息的第一部分一学号
  cout<<"学号:"<<s2<<endl;
  lenOfName=s1.find_last_not_of(number) -s1.find_first_not_of(number) +1;
  //获得学生姓名的长度
  string s3=s1.substr(13, lenOfName);       //截取学生姓名
  cout<<"姓名:"<<s3<<endl;
  string s4=s1.substr(s1.find_last_not_of(number)+1);
  //截取联系方式，长度值缺省，则截取到整个字符串末尾
  cout<<"联系电话:"<<s4<<endl;
  cout<<endl;
  return 0;
}
```

程序输出：

```
C:\C++ STL\示例程序代码\chapter04\4-9字符串操作...
s1:3103419980315张三18999999999
s1.length:28
学号:3103419980315
姓名:张三
联系电话:18999999999
```

例程 4-9 中，由于学生姓名的长度不固定，因此在截取字串时，搭配使用 find_first_not_of 成员，以获得学生姓名的起始位置；使用 find_last_not_of，以获取学生姓名的结束位置，二者相减后再加 1 就得到学生姓名的长度(以字节计，本例中长度为 4)。

4.7　字符串综合举例

stringstream 类定义在<sstream>头文件中，可以用于向 string 读取或者写入数据，就好比 string 是一个 I/O 流一样。在许多时候，都可以利用 stringstream 的这个特点来实现字符串与其他类型的转换。例程 4-10 中自定义了一个继承自 string 类的 ext_string 类，类内实现了三个成员函数，其中 Str_to_Int 用于字符串转整型，Int_to_Str 用于整型转字符串，strTrim 用于删除字符串首尾空格的成员。

例程 4-10　字符串综合举例

```
#include <iostream>
```

```
#include <string>
#include <sstream>                    //字符串 I/O
using namespace std;
class ext_string : public string
{                                     //扩展 string 类 → ext_string
  public:
    int Str_to_Int(string str)        //字符串转整型
    {
        int n = 0;      stringstream os;
        os << str;          os >> n;
        return n;
    }
    string Int_to_Str(int n)          //整型转字符串
    {
        string s;       stringstream os;
        os << n;        os >> s;
        return s;
    }
    string strTrim(string str)                   //删除字符串首尾空格
    {
      str.erase(0, str.find_first_not_of(""));      //删左空格
      str.erase(str.find_last_not_of("")+1);        //删右空格
      return str;
    }
 };
int main()
{
  string   s="     123      ";
  cout<<"原串:"<<s<<endl;
  ext_string    extstr ;
  s=extstr.strTrim(s);
  cout<<"修剪:"<<s<<endl;
  //-------------------------------------------------
  int n = extstr.Str_to_Int(s);                   //字符串转整型
  cout<<"string(123) to int:"<<n<<endl;
  s = extstr.Int_to_Str(n);                       //整型转字符串
  cout <<"int(123) to string:"<<s<<endl;
  return 0;
}
```

程序输出：

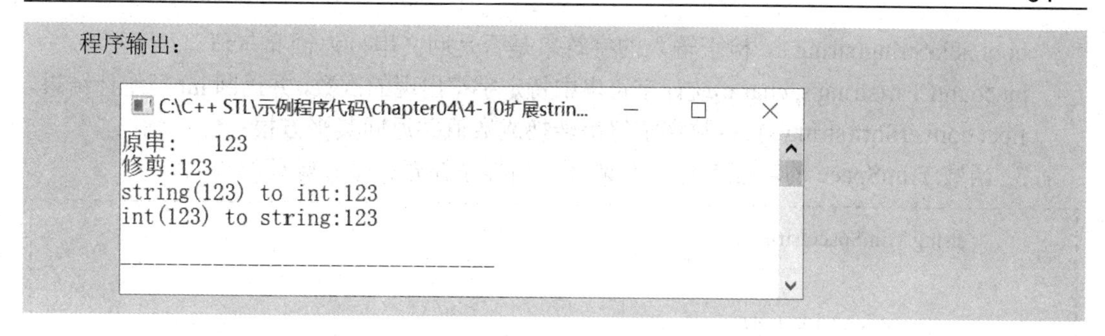

本 章 小 结

string 类是 C++中用于操作和使用字符串的类。它并非 STL 中的标准容器，但却与容器一样提供了许多类似的结构与操作，且也支持使用迭代器。string 类中提供了许多成员函数，如添加、删除、搜索、比较、取子串等，可用以操作对应的字符串。本章对上述内容做了详细的介绍并给出了相应的示例，对字符串类的讨论可以很好地帮助我们进入下一章标准容器的学习。

课 后 习 题

一、概念理解题

1. 请比较 string 的三个成员函数 begin()、rbegin()与 cbegin()之间的差异。

2. string 的成员函数 swap()和 swap_ranges()都能用于字符串的交换，但在使用中，swap()无需交换双方大小相同，而 swap_ranges()则要求交换的两个区间大小必须相等，这是为何？二者之间在进行“交换”时的方法相同吗？

3. string 类中定义的常数 string::npos 通常用来表示什么？有什么作用？其默认取值是多少？

4. 成员函数 reserve(size_t n=0)中的 n 用于设置保留的容量大小 capacity，但实际的容量 capacity 往往会大于 n，这是为什么？在 string 的成员函数中，哪些函数会改变 string 的容量？

5. 在向字符串中插入元素时，要分别看待中文字符和西文字符，这是为什么？如果设置错误，会导致什么结果？

二、上机练习题

1. 理解本章所有例题并上机练习，回答提出的问题并说明理由。

2. C++没有 split()字符串分割函数，但可以用多种方法实现，请读者自行设计 split()函数，要求输入一个字符串和一个分隔符(可包含多个分隔符)，返回一个字符串向量作为分割结果：vector<string> split(const string &s, const string &seperator);

3. 二进制字符串匹配：给定两个二进制字符串 A 和 B，编写函数返回字符串 A 在字符串 B 中所出现的次数。

4. 编写程序实现下列功能：

bool isPaString(string s) 检查输入的字符串是否是回文串，返回布尔值。

int countChar(string s, char c)统计字符串中特定字符出现的次数，并返回 int 型统计结果。

float converSqrt(string s) 将数字字符串转换成数值并返回其平方根。

5. 函数 TrimSpace 的功能是什么？请将下列程序补充完整并验证结果。

```
string TrimSpace(string str)
{
        string::size_type i;
        while( (i = str.find("")) != __________ )
        {
            ______________________
        }
    __________ newEnd = remove(str.begin(), str.end(),' ');
    str.erase(newEnd, str.end());
    return str;
}
```

6. 下列程序的功能是什么？先理解程序写出运行结果，再实验验证。

```
#include <string>
#include <iostream>
#include <iterator>
#include <algorithm>
#include <vector>
#include <fstream>
using namespace std;

int main()
{
    ifstream in("data.txt");
    string strtmp;
    vector<string> v1;
    while (getline(in, strtmp, '\n'))
        v1.push_back(strtmp);
    copy(v1.begin(), v1.end(), ostream_iterator<string>(cout, "\n"));
    cout<<endl;
    string strset=", |\t;";
    int N=50;
    int i=0;
```

```
        vector<string> v[N];
        vector<string>::iterator itr;
        for (itr=v1.begin(); itr!=v1.end(); itr++, i++)
        {
            int first1=itr->find_first_of(strset);
            int first2=itr->substr(first1).find_first_not_of(strset)+first1;
            int last1=itr->find_last_of(strset);
            int last2=itr->substr(0, last1).find_last_not_of(strset);

            v[i].push_back(itr->substr(0, first1));
            v[i].push_back(itr->substr(first2, last2-first2+1));
            v[i].push_back(itr->substr(last1+1));
        }

        cout<<"----------------------------------------"<<endl;
        for (; i>=0; i--)
        {
            copy(v[i].begin(), v[i].end(), ostream_iterator<string>(cout, "---"));
            cout<<endl;
        }
        return 0;
    }
```

第五章　C++STL 容器

本章主要介绍 STL 三大件之一的容器。容器是 STL 的基础，提供了存放数据元素的一系列类模板，按照实现的方式及特性定义了多种容器，不同的容器有着不同的底层数据结构与特点，适用于不同的应用。容器为其中的元素提供了存储空间的组织与管理，并通过成员函数以及迭代器对内部元素进行访问。本章的主要内容包括顺序容器、关联容器以及容器适配器。

本章主要内容

- STL 容器概述；
- 顺序容器；
- 关联容器；
- 容器适配器；
- 似容器。

5.1　STL 容器概述

容器是 STL 中定义的用于存放相同类型元素的一系列类模板，提供了对常用数据结构的泛化实现。依据容器的实现原理与特性可以将容器进行分类，如图 5-1 所示。

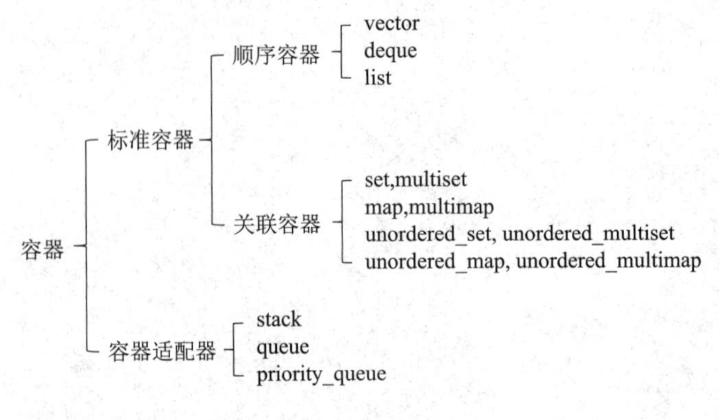

图 5-1　STL 容器分类

顺序容器是线性结构的泛化实现，其中 vector 容器采用顺序存储结构，list 采用链式存储结构，而 deque 是二者的结合，在存储块内采用顺序结构而存储块间采用链式结构。关联容器中的 set 和 map 是二叉平衡查找树(红黑树)的泛化实现，unordered_set 和 unordered_map 则是数据结构中哈希表的泛化实现。关联容器的元素是按照关键字有序排列的，适合快速查找。顺序容器和关联容器共同构成了 STL 中的标准容器。

除了标准容器之外，STL 还定义了三个容器适配器，分别是栈 stack、队列 queue 以及优先队列 priority_queue。容器适配器在底层容器(Underlying Container)的基础上进行了封装，修改了容器接口，不提供迭代器，但提供了新的成员函数来访问适配器的内部元素。

上述所有容器都具备一些相同的成员和操作符，例如跟容器大小相关的成员 empty 用于返回容器是否为空，size 成员用于返回容器中元素的个数，都支持赋值运算符“=”(用于容器间的赋值)等。表 5.1 和表 5.2 分别将容器和标准容器所具备的共性进行了总结。

表 5.1　容器共性

函数成员和操作符	作　用
缺省构造函数	容器类的默认初始化
拷贝构造函数	生成现有容器的副本
析构函数	在不需要容器时整理内存
empty()	当容器内的元素个数=0 时返回 true
max_size()	返回容器最多能容纳的元素个数
size()	返回容器中当前元素的个数
容器赋值运算符=	将一个容器赋给另一个容器
容器比较运算< <= >= == !=	两个容器比较，条件成立返回 true，不适应于优先队列
swap()	交换两个容器的元素

表 5.2　标准容器的共性

函数成员	作　用
begin()	返回指向第一个元素的迭代器
end()	返回指向尾后的迭代器
rbegin()	返回指向第一个元素的反向迭代器
rend()	返回指向尾后的反向迭代器
erase()	删除若干元素
clear()	删除全部元素

5.2　顺序容器

顺序容器内部元素之间有序(ordered)但并未排序(sorted)。有序是指元素之间存在逻辑上的先后顺序，未排序是指元素并没有依据其关键字大小进行排列。常见的顺序容器主要有 vector(向量容器)、list(链表容器)和 deque(双端队列容器)三种。

5.2.1　vector 向量容器

vector 向量容器以类模板的形式提供的动态数组。与数组类似，vector 的元素也存储在连续的空间中，支持使用下标快速访问元素。与数组不同的是，vector 容器的大小可以动态改变，相关存储空间的申请与分配由容器自动完成。

1. vector 容器的构造

vector 的构造函数有多种重载形式，下面通过例程 5.1 来加以说明。

例程 5-1　vector 容器的构造与初始化

```
#include <iostream>
#include <vector>
#include <string>
using namespace std;
class myClass {   };
void main()
{
    string str[ ]={"Alex", "John", "Robert"};
    vector<int>       v1;                        //空 vector，元素类型为 int
    vector<int>       v2(10);                    //包含 10 个 int 元素的 vector
    vector<float>     v3(10, 0);                 // 10 个 float 元素，初始值为 0
    vector<string>    v4(str,str+2);             // string 初始化
    vector<string>::iterator sIt = v4.begin();
    while(sIt != v4.end())   cout<<*sIt++<<"";
    cout << endl;
    vector<string>        v5(v4);                // Vector 对象直接赋值
    for ( int i=0;    i<v5.size();    i++ )   cout<< v5[i] <<"";
    cout << endl;
    vector<myClass>          myC;
    vector<myClass*>       pmyC;
    cout<<"myClass success!"<<endl;
}
```

程序输出：

```
C:\C++ STL\示例程序代码\chapter05\5-1 vector 初...
Alex John
Alex John
myClass success!
```

例程 5-1 利用不同的构造函数分别得到了不含任何元素的 vector 对象 v1、包含 10 个 int 元素且默认初始化的 v2、包含 10 个元素并全部初始化为 0 的 v3 和包含两个字符串对象的 v4，再通过拷贝构造的方法将 v4 赋值给 v5。最后，对象 myC 则是一个存放自定义 myClass 类对象的 vector 容器。

2. vector 容器的 size 与 capacity

新元素的插入会带来容器大小的变化。当预分配的存储空间不够时，就意味着 vector 需要重新分配，获得更大的存储空间，然后再将所有的元素移动到新空间中去，这将会耗费大量的处理时间。为了规避上述问题，vector 容器采取了一种策略：每次申请空间时预留一部分额外的存储空间用于可能的元素插入。这样当有新元素插入时，可以先使用这部分预留空间，而不是立即去申请新的空间并移动所有元素。

vector 定义了 capacity 和 size 两个成员函数，用于返回容器的容量与大小。容量 capacity 表示预分配的存储空间总数，大小 size 表示容器中目前的元素个数，通常情况下 capacity 都大于 size，其多出的部分就是预留的额外空间。只有当元素的个数 size 大于容量 capacity 的时候，vector 才会重新申请存储空间以及移动元素。在 vector 的成员函数中，resize 可用于改变容器的大小，例程 5-2 很好地说明了这一点。

例程 5-2　vector 容器的容量

```
#include <iostream>
#include <vector>
#include <algorithm>            //copy, for_each
using namespace std;
//-----------------------------------------
void print(vector<int>& v);
void main()
{
    int ary[3]={ 1, 2, 3 };
    vector<int>v1(ary,ary+4);              print(v1);
    v1.resize(5);                          print(v1);
    vector<int>v2;                         print(v2);
    v2.resize(5);                          print(v2);
    copy(ary, ary+3, v2.begin());          print(v2);
    system("pause");
}
template <class T>
class Show
{
public:
        void operator ( )(T& t)
        { cout<< t <<""; }
```

```
};
void print(vector<int>& v)
{
    cout<<"v.size():\t"<< v.size() <<endl;
    cout<<"v.capacity():\t"<< v.capacity() <<endl;
    cout<<"v.max_size():\t"<<v.max_size()<<endl;
    cout<<"vector v:"<<"\t";
    Show<int> myShow ;
    for_each(v.begin(),v.end(), myShow);
    cout<<"\n----------------------------------\n";
}
```

程序输出：

```
C:\C++ STL\示例程序代码\chapter05\5-2 vector 容...
v.size():       4
v.capacity():   4
v.max_size():   4611686018427387903
vector v:       1 2 3 0
----------------------------------
v.size():       5
v.capacity():   8
v.max_size():   4611686018427387903
vector v:       1 2 3 0 0
----------------------------------
v.size():       0
v.capacity():   0
v.max_size():   4611686018427387903
vector v:
----------------------------------
v.size():       5
v.capacity():   5
v.max_size():   4611686018427387903
vector v:       0 0 0 0 0
----------------------------------
v.size():       5
v.capacity():   5
v.max_size():   4611686018427387903
vector v:       1 2 3 0 0
```

例程 5-2 中用到了 STL 通用算法中的 copy 与 for_each 算法，其详细的用法会在后续章节加以介绍，目前读者只需知道 copy 函数的功能是实现元素拷贝即可。在本例中，copy 函数用于将 v1 中的对应元素拷贝到 v2 中，for_each 函数的功能则是遍历相应容器，输出对应的元素。

从最终的输出可以看出，v1 初始化赋值 1、2、3 以及一个默认值 0，此时其 capacity 和 size 均为 4；语句 v1.resize(5)修改 v1 的大小 size 为 5。由于此时的 v1 大小(5)已经超过了 v1 的原始容量 capacity(4)，因此 vector 重新分配内存，而新分配的内存空间大小并不等于 v1 的元素个数(5)，而是 8(此时 capacity=8)，实际存放了 size=5 个元素。同理，v2 最初大小为 0，通过 v2.resize(5)后容量变为 5。其后在赋值过程中，由于元素个数始终没有超过 5，因此不需要重新分配新的内存。

3. vector 的元素访问

vector 容器提供了多种元素访问方式，分为基于下标的访问和基于迭代器的访问两种。vector 重载了 operator[ ]运算符，使得其可以像数组一样，通过下标运算符对元素实现随机访问，元素下标的起始值也是 0。同时，vector 还提供了多个成员函数来返回特定位置的元素：front()成员用于返回容器的第一个元素，last()成员用于返回容器最后一个元素。vector 支持随机访问迭代器，允许使用迭代器访问元素。

值得注意的是，vector 提供了一个 at(size_type n)成员函数，支持随机访问方法。它和 operator[ ]的区别在于：at 成员函数会对下标值是否越界进行检查，若下标越界，则抛出 out of range 错误；而 operator[ ]不会对下标值是否越界进行验证，需要开发者自行检查。

下面通过例程 5-3 加以说明。

例程 5-3　访问 vector 中的元素

```
#include <iostream>
#include <vector>
using namespace std;
void 迭代器_遍历(vector<int>& vt);
void 下标_遍历(int n, vector<int>& vt);
void main()
{
    int m=5;
    vector<int>vt(m,0);        下标_遍历(m, vt);    //迭代器_遍历(vt);
    vt.front()=10;             下标_遍历(m, vt);    //迭代器_遍历(vt);
    vt.back()=50;              下标_遍历(m, vt);    //迭代器_遍历(vt);
    vt[1]=20;                  下标_遍历(m, vt);    //迭代器_遍历(vt);
    vt.at(2)=30;               下标_遍历(m, vt);    //迭代器_遍历(vt);
    *(vt.begin()+3)=40;        下标_遍历(m, vt);    //迭代器_遍历(vt);
    system("pause");
}
void 下标_遍历(int n, vector<int>& vt)
{
    cout<<"vector:";
    for( int i=0; i <n; i++)
        cout<<vt[i]<<"";
    cout<<endl;
}
void 迭代器_遍历(vector<int>& vt)
{
    cout<<"vector:";
    vector<int>::iterator iter ;
```

```
    for( iter=vt.begin(); iter != vt.end();   iter++)
        cout<<*iter<<"";
    cout<<endl;
}
```

程序输出：

```
C:\Users\yuqin\Documents\5-3 vector 访问元素.exe
vector:0 0 0 0 0
vector:10 0 0 0 0
vector:10 0 0 0 50
vector:10 20 0 0 50
vector:10 20 30 0 50
vector:10 20 30 40 50
```

正如前文所述，例程 5-3 采用了多种方式对 vector 元素进行访问，函数 front()和 back()分别返回 vector 中第一个和最后一个元素的引用；与此同时，begin()和 end()则返回指向 vector 的第一个元素的迭代器和最后一个元素之后位置的迭代器。需要注意的是，例程 5-3 中分别采用下标和迭代器两种方式对 vector 对象的所有元素进行了遍历，这种遍历方式是在操作容器时经常用到的。

4. 在 vector 中插入与删除元素

在向 vector 容器插入元素时，需要保持原有元素的序列结构，因此在容器尾部插入是效率最高的一种方式，因为这种方式不需要额外移动元素。而在 vector 容器的其余位置插入元素，则需要移动插入位置之后的所有元素，效率不高。

vector 的成员函数 push_back()用于在尾部插入元素，与之对应的 pop_back()用于在尾部删除元素。与 vector 的底层实现相关，在尾部进行插入与删除的执行效率很高，但同时也需要注意插入与删除对 vector 的容量及大小的影响。下面通过例程 5-4 来说明如何在 vector 中插入和删除自定义类型 ST。

例程 5-4　在 vector 尾部添加与删除元素

```
#include <iostream>
#include <vector>
using namespace std;
struct ST
{
    int   id;
    double db;
};
void initvector(int n, vector<ST>& v)              //初始化向量 v
{
    ST tmp;
    for(int i=0; i<n; i++)
    {
```

```
            tmp.id=i+1;
            tmp.db=(i+1)*10;
            //尾部添加元素，其他位置 insert()
            v.push_back(tmp);
        }
    }
    void main()
    {
        vector<ST>vt ;                              //空向量 vt
        initVector(5, vt);                          //初始化 vt
        int size=vt.size();
        cout<<"size:"<<size<<endl;
        cout<<"capacity:"<<vt.capacity()<<endl;
        ST tmp;
        while( !vt.empty() )
        {
                                                    //返回尾部元素，其他位置 at()
            tmp=vt.back();
            cout<<"id:"<<tmp.id<<"   db:"
                <<tmp.db<<endl;
                                                    //删除尾部元素，其他位置 erase()
            vt.pop_back();
        }
        cout<<"size:"<<vt.size()<<endl;
        cout<<"capacity:"<<vt.capacity()<<endl;
        system("pause");
    }
```

程序输出：

```
C:\C++ STL\示例程序代码\chapter05\5-4 vector尾...
size:5
capacity:8
id:5  db:50
id:4  db:40
id:3  db:30
id:2  db:20
id:1  db:10
size:0
capacity:8
```

自定义函数 initVector()通过调用 push_back()成员在向量 v 的尾部逐个添加元素，从而完成 v 的初始化。main()函数中的 while 循环输出每个元素的 id 与 db 值，再使用 pop_back()

函数逐个删除尾部元素。注意：循环条件用到了 empty()函数，在 vector 容器为空时 empty()返回真，其余情况返回假。

特别要注意的是在整个元素的插入与删除过程中，向量 vt 的 capacity 与 size 的变化：初始化后，vt 中包含 5 个元素(size=5)，同时 vt 的容量 capacity=8，这是 vector 的内存预留机制。随着 vt 中元素的不断删除，vt 的大小(size)变为 0，而 capacity 保持不变，仍然是 8，这说明删除操作并不会导致内存的重新分配。

一般来说，若要在向量内部而非尾部插入或删除元素应该怎么办呢？vector 提供了 insert()函数，用于在指定位置插入新元素。由于 vector 采用动态数组方式存储元素，因此在 vector 内部插入新元素时将会导致所有插入点之后的元素向后移位，代价巨大。相比于其他序列容器，例如 list 和 forward_list 等来说，其执行效率较低。此外，插入操作还会导致所有与这个 vector 容器相关的迭代器失效，这是由于插入元素后，vector 的存储地址发生变化的缘故。

insert 函数有如下几种重载形式：

(1) 插入单个元素：iterator insert (iterator position, const value_type& val);

参数说明：

iterator position(迭代器 position)表示插入位置，const value_type &val 表示待插入的元素引用。

(2) 填充 n 个值相同的元素：void insert (iterator position, size_type n, const value_type& val);

参数说明：

size_type n 表示填充的元素个数。

(3) 利用迭代器插入指定范围的元素值：

```
template <class InputIterator>
void insert (iterator position, Inputiterator first, Inputiterator last);
```

参数说明：

InputIterator first 表示待插入的元素起始位置，InputIterator last 表示待插入的元素的结束位置之后。

与 insert 类似，vector 还提供了 erase()，用于删除向量容器内的特定位置或范围的元素值。删除元素后，需要将后续的元素向前移位以填充空白位置，其执行效率也不如 list、forward_list 等其他序列容器。

erase 的重载形式如下：

(1) 删除指定位置的元素：iterator erase (iterator position);

(2) 删除[first,last)范围内的所有元素：iterator erase (iterator first, iterator last);

下面用例程 5-5 来说明如何在 vector 中添加与删除元素。

例程 5-5　在 vector 中添加与删除元素

```
#include <iostream>
#include <vector>
#include <algorithm>                    //fill, for_each
using namespace std;
```

```
void print(vector<int>& v);
int main()
{   vector<int>v;
    v.insert(v.begin(), 8);        print(v);
    int ary[3]={ 1, 2, 3 };
    fill(ary, ary+2, 9);                      //整数 9 填充 ary: (↑)99(↑)3
    v.insert(v.end(), ary+1, ary+3);          // 9(↑)93(↑)
    print(v);
    vector<int>::iterator It=v.end();
    v.insert(It, ary+1, ary+2);               // 9(↑)9(↑)3
    print(v);
    It=v.end();                               //为何要有此句？
    v.insert(It-1, 2, 75);                    //插入 2 个整数 75
    print(v);
    v.erase(v.begin());
    print(v);
    v.erase(v.begin()+1,v.end());
    print(v);
    system("pause");
}
template <class T>                            //模板类
class Show                                    //用于函数对象
{
public:
    void operator ( )(T& t)                   //重载( )
    {
        cout<< t <<"";
    }
};
void print(vector<int>& v)
{
    cout<<"vector v:"<<"\t";
    Show<int> myShow ;                        //要求 myShow 为函数对象
    for_each(v.begin(), v.end(), myShow);
    cout<<endl;
    cout<<"v.size():\t"<< v.size() <<endl;
    cout<<"v.capacity():\t"<< v.capacity() ;
  cout<<"\n\n";
}
```

程序输出结果：

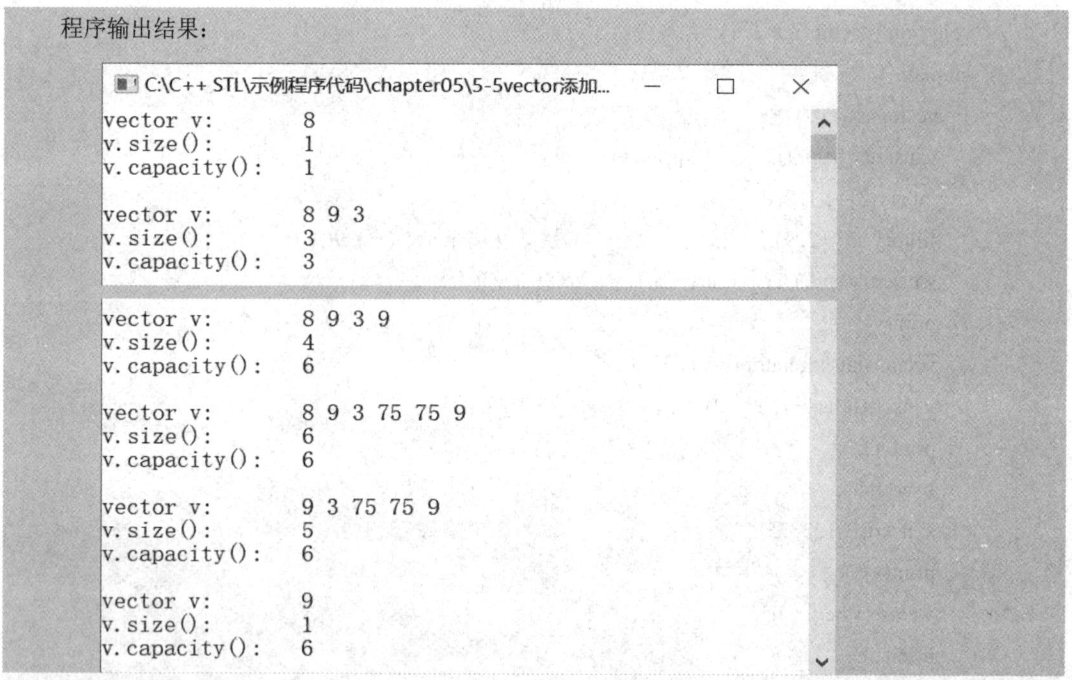

例程 5-5 中用到了通用算法中的 fill 与 for_each 来对向量进行填充与遍历，相关内容会在后续章节加以介绍，此处并不影响读者理解程序逻辑。从输出结果可以看出，insert()向 vector 中特定位置插入元素将会影响容器的 size 与 capacity；而 erase()仅会改变容器的 size，容器的容量 capacity 不变。在例程第 17 行对 It 进行重新赋值(It=v.end())是非常必要的。由于之前语句向 vector 中插入了新的元素，可能会导致原有的迭代器失效，需要重新赋值才能指向新的尾部。

5. vector 元素的赋值与交换

vector 的成员函数还包括 assign()和 swap()。assign()用于向 vector 中分配新的元素以替换现有元素，同时可修改 vector 的大小。assign()有两种调用形式：

(1) 通过迭代器指明填充范围：

```
template <class InputIterator>
void assign (InputIterator first, InputIterator last);
```

(2) 填充 n 个特定值：

```
void assign (size_type n, const value_type& val);
```

swap()成员函数用于互换两个类型相同但大小可以不同的 vector 容器对象。由此可以看出，其实现方法是直接互换两个 vector 的引用而非互相拷贝赋值。因此，在两个 vector 互换后，原有的迭代器仍然有效，两个 vector 中的元素并没有发生任何赋值与交换。

下面通过例程 5-6 来总结 assign 与 swap 的用法。

例程 5-6　vector 元素的赋值与交换

```
#include <iostream>
#include <vector>
using namespace std;
```

```
template<class T>          //函数模板
void print(char* name, vector<T>& vt)
{   cout<<name;
    for(int i=0; i<vt.size(); i++)
        cout<<vt[i]<<"";
    cout<<"\t 大小:"<<vt.size();
    cout<<",容量:"<<vt.capacity()<<endl;
}
int main()
{   int   A1[]={ 1, 2, 3 },   A2[]={ 4, 5, 6, 7, 8 };
    vector<int>v1,        v2(A2, A2+5);
    v1.assign(2, 22.8);          print("v1:", v1);
    v1.assign(A1, A1+3);         print("v1:", v1);
    print("v2:", v2);
    cout<<"v1[0]地址:\t"<<&v1[0]<<endl;
    cout<<"v2[0]地址:\t"<<&v2[0]<<endl;
    cout<<"---------v1.swap(v2)---------\n";
    v1.swap(v2);                              //同类型元素，如<int>
    print("v1:", v1);
    print("v2:", v2);
    cout<<"v1[0]地址:\t"<<&v1[0]<<endl;
    cout<<"v2[0]地址:\t"<<&v2[0]<<endl;
    system("pause");
}
```

程序输出结果：

```
C:\C++ STL\示例程序代码\chapter05\5-6vector元素...
v1:22 22         大小:2,容量:2
v1:1 2 3         大小:3,容量:3
v2:4 5 6 7 8     大小:5,容量:5
v1[0]地址:       0xbd1550
v2[0]地址:       0xbd1a50
---------v1.swap(v2)---------
v1:4 5 6 7 8     大小:5,容量:5
v2:1 2 3         大小:3,容量:3
v1[0]地址:       0xbd1a50
v2[0]地址:       0xbd1550
```

程序特别输出了 v1 与 v2 的地址。从输出结果可以看到，调用 swap()之后，v1 与 v2 的引用地址进行了交换，但容器内的元素仍然维持不变。

5.2.2 deque 双端队列容器

deque 也是一种常见的序列容器，其操作方式和底层结构与 vector 有诸多类似之处。

之所以叫做双端队列容器，是因为 deque 提供的成员函数支持在容器的两端，即开头和结束位置进行插入与删除。

相比于 vector 采用单个数组作为其底层数据结构，deque 的内部组织采用分散的多个存储块构成，这样就使得它能够更好地应对元素的增长。例如，当增加的元素超过了 vector 的容量时，vector 需要重新分配内存以容纳更多的元素；而 deque 的做法却是在保持现有的存储状态下，将新增的元素存放到新开辟的存储空间中，然后将其与现有的存储空间链接起来，这样就大大减少了内存分配与数据迁移的工作量，提高了空间配置效率。在 deque 中，没有 vector 的 capacity 的概念，deque 的空间可以按照需要灵活配置。但也正是由于 deque 的存储块不连续，使得 deque 虽然也支持随机访问元素，但速度却远不如 vector。

相较于 vector，deque 增加了一对在容器头部插入和删除元素的成员函数 push_front() 和 pop_front()，其函数定义形式如下：

```
void push_front (const value_type& val);
void pop_front();
```

下面通过例程 5-7 来说明上述成员函数的用法。

例程 5-7　在 deque 的头部插入与删除元素

```
#include <iostream>
#include <deque>                              //头文件
using namespace std;
template<class T>                             //函数模板
void print(deque<T>& d)
{
   for(unsigned int i=0; i<d.size(); i++)
        cout<<d.at(i)<<" ";
   cout<<"\nsize:"<<d.size()<<endl;
   // cout<<",容量:"<<d.capacity();在 deque 中没有定义 capacity，尝试输出其容量会导致编译错误
}
void main()
{  deque<int> d;
   d.push_back(10);                           //尾插(顺序)
   d.push_back(20);
   cout<<"deque:" ;    print(d);
   d.push_front(1);                           //头插(逆序)
   d.push_front(2);
   cout<<"push_front(1,2):";    print(d);
   d.pop_front();                             //删头
   d.pop_front();
   cout <<"两次 pop_front():";    print(d);
   system("pause");
}
```

程序运行结果：

```
C:\C++ STL\示例程序代码\chapter05\5-7deque 头...
deque:10 20
size:2
push_front(1,2):2 1 10 20
size:4
两次pop_front():10 20
size:2
```

从例程 5-7 可以看出，在 deque 容器上可以方便地进行头部或尾部的数据插入与删除。在 deque 的头部插入数据并不会比尾部插入复杂多少，这是因为 deque 是通过配置一段定量连续空间，然后将其串接到整个 deque 的头部或尾部来实现插入的。为了支持随机访问，deque 必须在这些分段定量的空间中，维护其整体连续的假象，这也导致 deque 的迭代器设计更为复杂。

关于 deque 与 vector 在内存分配和底层实现上的差别，可以通过例程 5-8 加以分析和说明。

例程 5-8　deque 与 vector 的内存分配

```
#include <iostream>
#include <vector>
#include <deque>
using namespace std;
int main()
{
    vector<int> v(2);
    v[0] = 10;
    int *p = &v[0];
    cout<<"vector p=: "<<p<<" *p="<<*p<<endl;
    v.push_back(20);                              //增加元素，迭代器变化
    //v[1]=20;                                    //未增加元素，迭代器不变
    cout<<"vector p=: "<<p<<" *p="<<*p<<endl;
    cout<<"重获&v[0]=:"<<&v[0]<<endl;
    deque<int> d(2);
    d[0] = 10;
    int *q = &d[0];
    cout<<"deque q=:   "<<q<<" *q="<<*q<<endl;
    d.push_back(20);                              //增加元素，迭代器不变
    cout <<"deque q=:   "<<q<<" *q="<<*q<<endl;
    cout<<"重获&d[0]=:"<<&d[0]<<endl;
    system("pause");
}
```

程序运行结果：

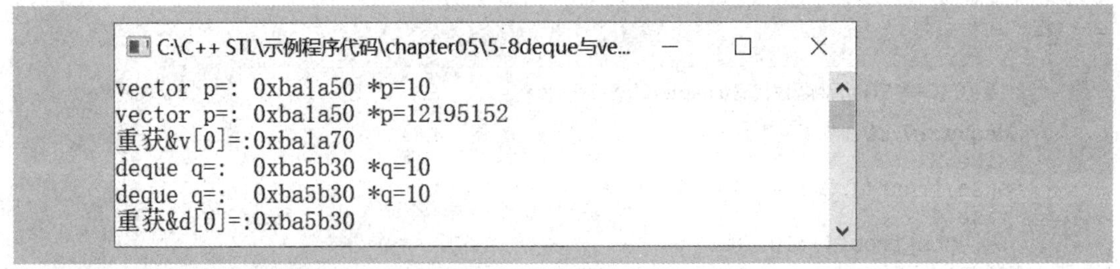

程序分析：

例程 5-9 用于比较 vector 与 deque 不同的内存分配组织机制。程序首先初始化一个包含 2 个元素的 vector 容器 v，并对其中第一个元素赋值为 10，记录及地址为 0x1bla50。接着在程序第 11 行通过调用 push_back()函数向 v 的尾部插入第三个元素 20。由于 v 的元素增加了，因此 vector 自动完成了内存的重新分配并进行了数据搬移。当再次利用解引用访问指针 p 的目标时得到了一组随机数 1774928，说明此时的指针 p 已经失效，v[0]的新地址是 0x1b1a70。相同的代码在采用 deque 来作为容器的时候，我们发现，虽然也调用 push_back()插入了新的元素，但是 deque 既没有重新分配内存，也没有进行数据搬移，原有的迭代器仍然有效，说明 deque 的底层是采用了分散的存储块来实现的。

5.2.3　list 链表容器

list 链表容器是对双向链表的一个泛化实现，是通过指针将存储在不同位置的元素连接起来所构成的一个线性序列。双向链表的每个结点都有分别指向前驱和后继结点的指针域，因此在 list 中可以非常方便地向前或向后遍历容器。如图 5-2 所示。

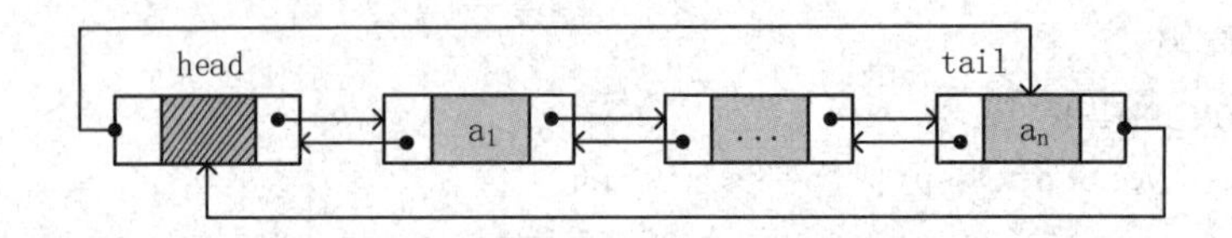

图 5-2　双线循环链表逻辑结构示意图

相对于单向链表 forward_list(限于篇幅，本书并未对 forward_list 做详细谈论，有兴趣的读者可以自行查阅相关资料)，list 可以进行前后双向移动，其指针的数量也更多；相对于 vector 和 deque，在 list 的任意位置对元素进行插入、删除的效率更高，只需要改变相邻元素的指针域即可，其时间复杂度为 O(1)；同时由于 list 的元素存储位置不连续，因此不支持随机访问，在进行元素查找时的时间复杂度为 O(n)。list 没有容量 capacity 的概念，也没有大小的限制，不用担心因为元素的增加而引起内存重分配，从而导致迭代器失效等问题。

由于 list 相对特殊的结构和不支持随机访问的特点，使得许多通用算法不能很好地适配 list 容器，因此在 list 中定义了很多特有的成员函数，用于实现与其名称对应的通用算法的功能，这些成员函数主要有：

(1) void　remove(const T& x);　　删除所有元素值=x 的元素
　　void　remove_if(T pr);　　删除符合条件谓词 pr 的元素

(2) void　sort();　　所有元素排序默认为升序 less<int>()

void sort(T pr); 按条件谓词 pr 排序
(3) void unique(); 相邻的重复元素仅留一个预排序
(4) void merge(list& x); 归并排序两个 list
void merge(list& x, T pr);
(5) void reverse(); 反转元素的位序

下面通过例程 5-9 来了解 list 的成员函数用法。

例程 5-9 list 函数应用

```
#include<iostream>
#include<list>
#include<functional>                    // greater<int>()
using namespace std;
template<class T>                       //函数模板
void print(char *Name, list<T>& L)
{   cout<<Name;
    list<int>::iterator it;             //使用迭代器
    it = L.begin();
    for(unsigned int i=0; i<L.size(); i++)
        cout<<*it++<<"";
    cout<<" size:"<<L.size()<<endl;
}
int main()
{   int ary[ ]={2,5,9,7,2,7,6,5};
    list<int>list1(ary, ary+4);
    print("list1:", list1);
    list1.reverse();
    print("list1:", list1);
    //list1.sort();                      /*缺省升序*/
    print("list1:", list1);
    list1.sort(greater<int>());          //降序
    print("list1:", list1);
    list<int>list2(ary+4, ary+8);
    print("list2:", list2);
    //list2.sort(less<int>());
    print("list2:", list2);              //升序
    list2.sort(greater<int>());
    print("list2:", list2);              //merge 前必须排序，且同为升序或降序
     //list1.merge(list2);               //缺省升序
    list1.merge(list2,greater<int>());   //降序
```

```
        cout<<"-----list1.merge(list2):-----\n";
        print("list1:", list1);
        print("list2:\t", list2);
        list1.remove(5);
        print("list1:", list1);
        list1.unique();
        print("list1:", list1);
        system("pause");
    }
```

程序输出：

```
C:\C++ STL\示例程序代码\chapter05\5-8List 基本函...
list1:2 5 9 7  size:4
list1:7 9 5 2  size:4
list1:9 7 5 2  size:4
list2:2 7 6 5  size:4
list2:7 6 5 2  size:4
-----list1.merge(list2):-----
list1:9 7 7 6 5 5 2 2  size:8
list2:   size:0
list1:9 7 7 6 2 2  size:6
list1:9 7 6 2  size:4
```

例程 5-9 展示了 list 部分成员函数的用法，其中自定义的函数模板 print 通过迭代器遍历 list 容器对象，逐个输出元素；sort 成员函数用于元素排序，默认为升序，可以通过比较函数 greater<int>()实现降序排列；merge 成员函数用于合并两个同为升序或同为降序的 list，合并后的结果依然有序；unique 成员函数用于清除相邻的值相等的冗余元素，因此要求清除之前的元素有序排列。

list 的成员函数 splice 可用于两个 list 的合并，有多种重载形式，函数原型如下：

```
void   splice(iterator it, list& L)，合并两个 list，插入 L
void   splice(iterator it, list& L, iterator itL)，插入一个元素
void   splice(iterator it, list& L, iterator firstL, iterator lastL)，插入[first,last)的元素
```

下面通过例程 5-10 说明 splice 成员函数的用法。

例程 5-10　listsplice 函数运用

```
#include<iostream>
#include<list>
#include<algorithm>                              // find()
// #include<iterator>
//每一种容器都将其迭代器定义于内部
using namespace std;
template <class T>
class Print
{
```

```
public:
    void operator ()(T& t) { cout<<t<<"";  }
    void print(char* name, list<T>& L)
    {                                           //成员函数
        cout<<name;                             // list 名称
        Print<T>Show;                           //函数对象
        for_each(L.begin(), L.end(), Show);
            cout<<endl;
    }
};
int main()
{   list<int> L1, L2, L3, L4;
    Print<int> prt;
    for( int i=0; i<3; i++ )
    {   L1.push_back(i);
        L2.push_back(i+3);
        L3.push_back(i+6);
        L4.push_back(i+9);
    }
    prt.print("L1:", L1);
    prt.print("L2:", L2);
    prt.print("L3:", L3);
    prt.print("L4:", L4);
    cout<<endl;
    L2.splice(L2.begin(), L1);                     //将 L1 与 L2 合并，L1 放置在 L2 的开头
    prt.print("L2:", L2);
    L2.splice(L2.end(), L3, L3.begin(), L3.end());        // L3 放置在 L2 的结尾
    prt.print("L2:", L2);
    cout<<"L1.size():"<<L1.size()<<endl;                  //合并后 L1 的大小为空
    list<int>::iterator it4=find(L4.begin(),L4.end(), 10);     // it：元素值=10 的位置
    cout<<"it4:"<<*it4<<endl;
    list<int>::iterator it2=L2.begin();
    it2++;    //it2=it2+1;                          //error
    L2.splice(it2, L4, it4);                       //将 it4 对应的元素合并到 it2 的位置
    prt.print("L2:", L2);
    prt.print("L4:", L4);
    system("pause");
}
```

程序输出：

```
C:\C++ STL\示例程序代码\chapter05\5-9 List splice...
L1:0 1 2
L2:3 4 5
L3:6 7 8
L4:9 10 11

L2:0 1 2 3 4 5
L2:0 1 2 3 4 5 6 7 8
L1.size():0
it4:10
L2:0 10 1 2 3 4 5 6 7 8
L4:9 11
```

由于 list 容器本身的特点，在实现合并运算时也是通过改变相关元素的指针域来实现的，因此算法效率较高。

5.3 关联容器

关联容器与序列容器之间在数据组织上存在巨大的差异。关联容器采用红黑树作为其底层数据结构，红黑树是平衡二叉排序树的一种。为了在插入和删除元素之后保持“平衡”，提高查找效率，红黑树通过给节点加上“颜色”作为标志并辅以相应的规则来动态调整树的结构。因此，关联容器中的元素需要通过其“关键字”进行查找和访问，而序列容器则依据元素在容器中的位置进行访问。

关联容器按照其自身的特点又分成八种不同的容器，其主要的区别在于：

(1) 仅包含关键字 key 还是包含键值对 key-value，前者取名集合 set，后者取名映射 map；

(2) 关键字 key 是否允许重复，允许重复的包含 multi；

(3) 是否按照 hash 函数映射的方式组织元素，是则加上 unordered。

表 5.3 给出了不同关联容器之间的差别。

表 5.3　关 联 容 器

容器元素按关键字存储				
关联容器	关键字 key	键值对 key-value	不允许关键字重复	允许关键字重复
set	√		√	
map		√	√	
multiset	√			√
multimap		√		√
容器元素按关键字的哈希映射值保存				
unordered_set	√		√	
unordered_map		√	√	
unordered_multiset	√			√
unordered_multimap		√		√

5.3.1　集合 set 与多重集合 multiset

set 与 multiset 都定义在头文件<set>中，在程序中使用 set 集合需要引入相应的头文件。在构造 set 对象的过程中会自动按照关键字的大小初始化，若出现多个值相同的元素，则 set 只保留第一个元素，而 multiset 则可以同时保留多个相同值的元素。默认情况下，set 会将集合内的元素按照从小到大的顺序进行排列，也可以使用自定义或者 STL 提供的函数对象改变元素的排列方式。例程 5-11 说明了 set 和 multiset 的构造方法。

例程 5-11　set 与 multiset 的构造

```
#include<iostream>
#include<set>
#include<functional>                              //greater<int>
using namespace std;
template<class T>
void display(char*name, T& s)
{
   cout<<name;
   multiset<int>::iterator it=s.begin();
   while( it !=s.end() )
   {     cout << *it <<""; it++ ; }
   cout << endl;                                  //不支持 at()和[]
}
int main()
{
   int a[ ]={5,3,9,3,7,2,9,5};
   int size=sizeof(a)/sizeof(int);
   multiset<int>s1;
   for(int i=0; i<size; i++)
   s1.insert(a[i]);  //s1 的元素排列与插入的先后顺序无关，取决于元素本身的关键字大小，默认
                  按照关键字由小到大排列
   display("s1:", s1);
   multiset<int, less<int>>s2(s1);                //拷贝 s1 的元素到 s2 中以完成 s2 的初始化
   display("s2:", s2);
   multiset<int>s3(a, a+size);                    //利用数组 a 初始化 s3
   display("s3:", s3);
   multiset<int, greater<int>>s4(a, a+size);      //由高到低有序的 s4
   display("s4:", s4);
   set<int>s5;
   for(int i=0; i<size; i++)
```

```
        s5.insert(a[i]);                         // set 中关键字相同的元素只保留一个
    display("s5:", s5);
    return 0;
}
```

程序输出：

```
C:\C++ STL\示例程序代码\chapter05\5-10 set_mult...
s1:2 3 3 5 5 7 9 9
s2:2 3 3 5 5 7 9 9
s3:2 3 3 5 5 7 9 9
s4:9 9 7 5 5 3 3 2
s5:2 3 5 7 9

------------------------------
```

在构造 set 和 multiset 的过程中，用到了 stl 提供的<functional>头文件，<functional>头文件中定义了许多的“函数对象”类的模板。所谓函数对象，指的是在 C++中定义的一类重载了函数调用操作符 operator()的类对象。从语法上来看，这种对象与普通函数的行为是类似的。通常，这些函数对象被用作函数参数，尤其在 C++ STL 的许多标准算法中常将其作为谓词(predicates)或者比较函数(Comparison Functions)使用。

例程 5-11 中使用了<functional>头文件中的预定义函数对象 greater<int>和 less<int>。语句 multiset<int, less<int>>s2(s1) 在构造 multiset 容器对象 s2 时将 less<int>作为参数之一，使得 s2 的元素是依照关键字由低到高有序的集合。与之相反的是语句 multiset<int, greater<int>>s4(a, a+size)则利用数组 a 中的元素构造了一个依照关键字由高到低有序的集合 s4。s1～s4 都是 multiset 集合，因此其中允许出现关键字相同的重复元素，并且这些重复元素彼此相邻；而 s5 则被定义成 set 集合，不允许出现重复元素，因此只保留了重复元素中的第一个元素。

鉴于集合是红黑树结构，它并没有线性结构中的“头”和“尾”的概念，因此在集合中没有 pop 和 push 系列成员函数，在添加和删除时通常采用 insert 和 erase 成员函数实现。此外，集合还有许多特有的成员函数，这些成员函数都与集合的数据结构密切相关，例如 find 成员函数，只要一个给定的关键字，find 函数就能迅速在集合中获取到对应的元素，这是基于集合的红黑树数据结构的。要注意的是，虽然泛型算法 find 也提供元素查找的功能，但是其采用的搜索策略在关联容器中的应用效率远不如关联容器自身的 find 成员函数效率高。此外，lower_bound(key)和 upper_bound(key)成员函数可分别返回指向>=key 和>key 的元素的迭代器，将其组合使用可以得到关键值=key 的元素范围；equal_range(key)则将以 pair 的形式返回关键字=key 的下界 lower 和上界 upper 迭代器；swap 成员用于交换两个集合元素；count(key)返回关键值=key 的元素个数。下面通过例程 5-12 说明上述成员函数的功能与用法。

例程 5-12　集合的成员函数

```
#include<iostream>
#include<set>
using namespace std;
```

```
template<class T>
void display(char*name, T& s)
{
   cout<<name;
   multiset<int>::iterator it=s.begin();
   while( it !=s.end() )
   {     cout << *it <<"";    it++ ; }
      cout << endl;                                        //不支持  at(), []
}
int main()
{
   int a[ ]={9, 3, 9, 7, 10, 7, 3};
   int size=sizeof(a)/sizeof(int);
   multiset<int>s(a, a+size);
   display("set:", s);
   cout<<"find(9):    "<<*(--s.find(9))<<endl;   //输出关键字 9 的前一个元素
   cout<<"find(8):    "<<*(--s.find(8))<<endl;   //输出关键字 8 的前一个元素。由于集合中并没有
                                                   关键字为 8 的元素，因此 find 函数返回集合结尾
                                                   的后面一个位置
   cout<<"count(9): "<<s.count(9)<<endl;         //输出关键字 9 的个数
   cout<<"lower_bound(6): "<<*s.lower_bound(6)<<endl;
   cout<<"upper_bound(6): "<<*s.upper_bound(6)<<endl;
   cout<<"equal_range(6): "<<*s.equal_range(6).first<<","
   <<*s.equal_range(6).second;
   cout<<endl;
   cout<<"lower_bound(7): "<<*s.lower_bound(7)<<endl;
   cout<<"upper_bound(7): "<<*s.upper_bound(7)<<endl;
   cout<<"equal_range(7): "<<*s.equal_range(7).first<<","
      <<*s.equal_range(7).second;
   cout<<endl;
   cout<<"s.erase(3): "<<s.erase(3)<<endl;           //删除关键字 3 并返回 3 的个数 2
   display("set:", s);
   s.erase(s.find(9));        display("set:", s);
   s.erase(*s.find(7));       display("set:", s);
   s.clear();                                          //清除集合中的所有元素
   cout<<"size:"<<s.size();
   cout<<endl;
   return 0;
}
```

程序输出：

```
C:\C++ STL\示例程序代码\chapter05\5-11 set_mult...
set:3 3 7 7 9 9 10
find(9):  7
find(8):  10
count(9): 2
lower_bound(6): 7
upper_bound(6): 7
equal_range(6): 7,7
lower_bound(7): 7
upper_bound(7): 9
equal_range(7): 7,9
s.erase(3): 2
set:7 7 9 9 10
set:7 7 9 10
set:9 10
size:0
```

在例程 5-12 中，集合中的元素序列是 33779910。由于没有关键字 6，因此 lower_bound(6)(即>=6)的位置和 upper_bound(6)(即>=6)的位置相同，都指向第一个 7；集合中存在关键字 7 且有多个 7，因此 lower_bound(7)返回的位置就是第一个关键字 7 的位置，而 upper_bound(7)则是第一个>7 的关键字的位置，在本例中就是 9 的位置，二者之间刚好就是关键字 7 在集合中的位置下界与上界。

5.3.2　映射 map 与多重映射 multimap

1. pair 类型

在介绍关联容器 map 之前，必须要理解标准库类型 pair。从名称上可以看出，所谓的"pair"应该是一个成对出现的数据组合，拥有两个数据成员。pair 是定义在头文件<utility>中的一个类模板，有两个类型参数分别对应其内部的两个数据成员，其类型参数可以相同也可以不同，例如：

```
pair<int, int>    math_arts;
pair<string, int>   name_count;
pair<string, vector<int>>    name_score;
```

math_arts 是一个包含了两个 int 的 pair，可以用于表示数学+艺术课的成绩对；name_count 则是由 string 和 int 所构成的姓名+计数值对；name_score 的第一个成员对应于学生姓名，第二个成员 vector<int>用向量来表示某学生的成绩集合。由此可见，要构成关联容器中的 key-value 键值对，刚好可以用 pair 的两个数据成员来对应，还可以依据其中的 key 值来对 map 容器中的元素进行组织与操作。

pair 中的两个成员分别命名为 first 和 second，这两个成员都是公有的，可以使用成员访问运算符来访问。pair 的默认构造函数会依据成员类型进行值初始化，也可以使用 make_pair 函数来生成 pair 对象。下面的代码展示了如何创建 pair 对象以及输出 pair 对象：

```
//列表初始化 pair
pair<string,int> name_count{"jane",8};
```

```
    //调用 make_pair 生成 pair 对象
name_count=make_pair("jane",8);
    //使用 first 和 second 访问 pair 成员
cout<<name_count.first<<"出现了"<<name_count.second<<"次"<<endl;
```

2. map 与 multimap 构造

映射 map 和多重映射 multimap 中的元素是由 key 和 value 所构成的键值对组成的，这个“键值对”的类型 value_type 是由 pair 所定义的：

```
typedef pair<const key,T> value_type
```

在 map 的内部，依据关键字 key 来对元素进行排序以及唯一性检查(multimap 没有唯一性要求)。由于关键字的类型可以是多种多样的，例如字符串、数字或者某种自定义类型，因此要构成 map，关键字类型必须定义元素比较的方法。在默认情况下，标准库使用关键字类型的“<”运算符来比较两个关键字。一方面，我们可以通过向算法传递一个自定义的比较函数来代替默认的“<”运算；另一方面，若使用自定义类型作为关键字类型，则必须在自定义的类型中实现“<”运算,否则将会导致 map 构造失败。

通常情况下，对 map 中单个元素的访问速度会低于 unordered_map(采用 hash 函数映射组织)，但 map 允许使用迭代器对其有序子集进行访问，也可以采用[ ]+key 的形式访问元素。

小贴士：

用于映射内部元素比较的“<”运算符或比较函数 comp，必须在关键字类型上定义一个严格弱序(Strict Weak Ordering)，这个严格弱序需要满足如下特征：

- 反自反性：comp(x, x)必须为 false。
- 非对称性：comp(x, y)和 comp(y, x)的结果必然相反。
- 可传递性：如果 comp(x, y)为 true，comp(y, z)为 true，则 comp(x, z)必然为 true。

下面通过例程 5-13 来说明如何构造 multimap。

例程 5-13　multimap 的构造

```
#include<iostream>
#include<map>
#include<string>
#include<functional>//greater<int>
using namespace std;
//typedef multimap<const char*, string, less<const char*>>ML;
//typedef multimap<const char*, string, greater<const char*>>MG;
typedef multimap<int, string, less<int>>          ML ;
//ML 定义关键字从小到大排序的多重映射
typedef multimap<int, string, greater<int>>       MG ;
//MG 定义关键字从大到小排序的多重映射
template<class T>
void display(char* name, T& m)                         //遍历输出容器中的元素
```

```
{
    cout<<name;
    multimap<int, string>::iterator it=m.begin();
    while( it !=m.end() )
    {
        cout<<"("<<(*it).first<<""<<(*it).second<<")";
        it++;
    }
    cout<<endl;
}
int main()
{
    //string s1[]={"023", "020", "010", "028"};          //排序错
    //int      s1[]={023, 020, 010, 028};                //数字前的 0 表明其值是八进制数
    int        s1[]={23, 20, 10, 28};
    string s2[]={"重庆","上海","北京","成都"};
    int size=4;
    ML m1;
    for(int i=0; i<size; i++)
        //m1.insert(make_pair(s1[i].c_str(), s2[i]));    // string
        m1.insert(make_pair(s1[i], s2[i]));              //插入生成 map
    display("m1:", m1);
    ML m2(m1);                                           //拷贝构造
    display("m2:", m2);
    ML m3(m2.begin(), m2.end());                         //拷贝构造
    display("m3:", m3);
    MG m4;
    for(int i=0; i<size; i++)
        m4.insert(make_pair(s1[i], s2[i]));
    display("m4:", m4);
    return 0;
}
```

程序输出：

```
C:\C++ STL\示例程序代码\chapter05\5-12 map_mu...
m1:(10 北京)(20 上海)(23 重庆)(28 成都)
m2:(10 北京)(20 上海)(23 重庆)(28 成都)
m3:(10 北京)(20 上海)(23 重庆)(28 成都)
m4:(28 成都)(23 重庆)(20 上海)(10 北京)

--------------------------------
```

映射定义在头文件<map>中，因此需要引入头文件<map>。在例程 5-13 中还需要引入头文件<functional>以便使用其中所定义的二元函数谓词 greater<int>()，生成按关键字从大到小排序的映射。从类型别名 ML 的定义 typedef multimap<int, string, less<int>>可以知道，由 ML 定义的对象中其键值对的类型分别是 int 和 string，各元素之间将按照关键字类型 int 的值以从小到大的顺序进行排序；类型别名 MG 的定义为 typedef multimap<int, string, greater<int>>，MG 表明其元素之间将按照关键字类型 int 的值由大到小排序。

在 main 函数中，首先定义的整型数组 s1 用于存放关键字(无序)，s2 用于存放对应的字符串值；在对映射 m1 初始化时用 for 循环从 s1 和 s2 中分别取出对应的关键字和字符串值，调用 make_pair 生成映射中键值对，然后使用 insert 成员函数插入到 m1 中。需要注意的是，最终得到的 m1 中的元素顺序与插入顺序无关，是按照关键字大小排序的结果。m2 和 m3 都采用了拷贝构造的方法利用 m1 生成，m4 则是采用类型别名 MG 定义的，因此在使用完全相同的语句向 m4 中插入数据后，m4 的元素顺序与 m1 完全相反，从大到小排列。

试一试：

例程 5-13 所实现的映射中，其关键字的类型是 int。若要将关键字的类型改成 string，则程序应该怎样改造？当然，关键字的类型改成 string 之后，则关键字比较所采取的方法就成了字符串的 compare 成员函数。我们都知道，字符串比较和整型数比较的规则不一样，因此其排序的结果也可能会发生变化。请读者参考例程 5-12 中相应位置注释掉的代码，完成上述程序的改造。

细心的读者会发现，在例程 5-13 中，为了输出映射中的元素，我们定义了一个名为 display 的函数：

```
template<class T>
void display(char* name, T& m)          //遍历输出容器中的元素
{
  cout<<name;
  multimap<int, string>::iterator it=m.begin();
  while( it !=m.end() )
  {
    cout<<"("<<(*it).first<<""<<(*it).second<<")";
    it++;
  }
  cout<<endl;
}
```

display 函数的功能是接受两个参数，第一个参数是一个字符指针，表示容器的名称 name；第二个参数则代表一个容器 m，m 的类型用类型参数 T 来表示，在 main 函数中调用 display 的时候可以根据实际参数去推断出类型参数 T 的值。例如主函数中的语句 display("m1:", m1)，可以根据 m1 的类型来推断出 T 的实际类型。

display 的内部通过 while 循环和指向容器的迭代器 it 来遍历容器，输出元素。这里对

迭代器 it 的定义中并未使用类型参数 T，而是特化类型 int 与 string。这样就带来一个问题：迭代器 it 只能用于键值对类型为 int+string 的映射容器。若要遍历 string+string 的映射容器，则必须改写此处的源代码。这显然与泛型编程的理念相违背。

此时，可以改造 display 函数，通过增加 T2 和 T3 两个类型参数用于对应映射容器的键值对类型，可以使 display 函数遍历输出多种类型的映射容器元素。改造后的 display 函数定义如下：

```
template<class T1, class T2, class T3>
void display(string name, T1& m, T2 key_type, T3 val_type)
{
    cout<<name;
    multimap<T2, T3>::iterator it=m.begin();
    while( it !=m.end() )
    {
        cout<<(*it).first<<","<<(*it).second<<endl;
        it++;
    }
}
```

相应地，在 main 函数中调用 display 的时候需要给出 4 个参数，其中类型参数 T1、T2 和 T3 由实参的类型决定。例如：

```
display("m2:", m2, 0, string());           //用于遍历输出键值对类型为 int+string 的容器 m2 元素
display("m2:", m2, string(), string());   //用于遍历输出键值对类型为 string+string 的容器 m2 元素
```

3. map 与 multimap 的成员函数

除了具有大量容器共通的成员函数之外，由于与集合(set)非常类似，因此映射(map)也像 set 集合一样具有诸如 insert、lower_bound、upper_bound、equal_range 等成员；不同之处在于，映射的容器元素为pair对象，在向映射容器中添加元素时需要先构成<key-value>对，然后再用 insert 成员插入；也可以通过映射的 emplace 成员函数直接插入而无需构成<key-value>对类型。此外，成员函数 count 可返回特定 key 的元素个数(针对 multimap 而言)，find 成员函数能够比通用泛型算法 find 更快查找和返回目标元素。下面通过例程 5-14 说明上述成员函数的用法。

例程 5-14　multimap 的成员函数

```
#include<iostream>
#include<map>
#include<string>
#include<functional>                          //greater<int>
using namespace std;
typedef   multimap <int, string>      Map_L ;
typedef   multimap <int, string, greater<int>>Map_G ;
template<class T1, class T2,class T3>
```

```
void display(string name, T1& m, T2 key_type, T3 val_type)
{
    cout<<name;
    multimap<T2, T3>::iterator it=m.begin();
    while( it !=m.end() )
    {
        cout<<(*it).first<<","<<(*it).second<<endl;
        it++;
    }
}
int main()
{
    int a[ ]={80,60,70};
    string s[]={"赵", "钱", "孙", "李", "赵", "孙"};
    int size=6;
    Map_L mapL;                              //用 emplace 插入
    mapL.emplace(a[0], s[0]);                //赵 1：80
    mapL.emplace(a[1], s[1]);                //钱：  60
    mapL.emplace(a[2], s[2]);                //孙 1：70
    mapL.emplace(a[1], s[3]);                //李：  60
    mapL.emplace(a[2], s[4]);                //赵 2：70
    mapL.emplace(a[1], s[5]);                //孙 2：60
    display("容器:\n", mapL, 0, string());
    Map_L::iterator it = mapL.find(60);
    cout<<"    find(60)处元素: "
        <<(*it).first<<","<<(*it).second<<endl;
    cout<<"++find(60)处元素: "
        <<(*(++it)).first<<","<<(*(++it)).second;
    cout<<"\n 键值 key=60 的元素总数:"<<mapL.count(60);
    mapL.erase(mapL.find(60));
    //mapL.erase((*mapL.find(60)).first);
    display("\n 删除 find(60)处的元素后:\n", mapL, 0, string());
    int eraseNum=mapL.erase(60);
    display("删除键值 key=60 的元素后:\n", mapL, 0, string());
    cout<<"删除的元素总数: "<<eraseNum<<endl;
    mapL.clear();        cout<<"clear()后, size= "<<mapL.size();
    cout<<"\n\n";
    return 0;
}
```

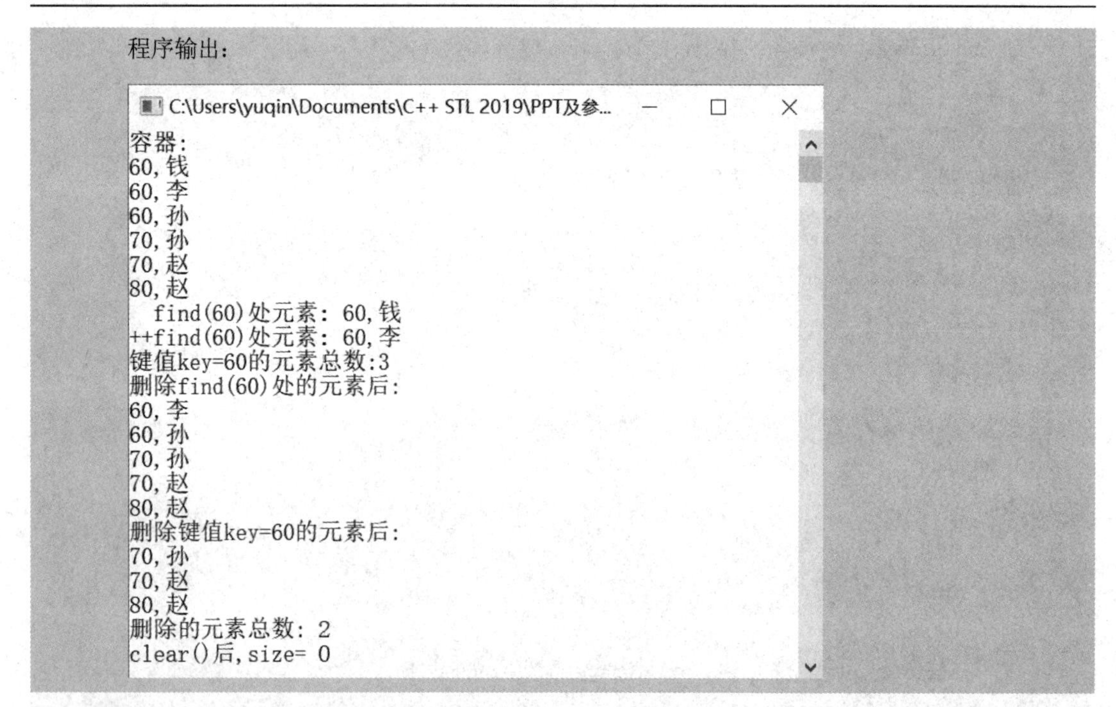
程序输出：

```
容器:
60,钱
60,李
60,孙
70,孙
70,赵
80,赵
  find(60)处元素: 60,钱
++find(60)处元素: 60,李
键值key=60的元素总数:3
删除find(60)处的元素后:
60,李
60,孙
70,孙
70,赵
80,赵
删除键值key=60的元素后:
70,孙
70,赵
80,赵
删除的元素总数: 2
clear()后,size= 0
```

例程 5-14 中，采用 emplace 成员向容器 mapL 中插入元素，采用 find(60)查找关键值为 60 的元素。由于 mapL 是 multimap 容器，允许多个关键字相同的元素存在，因此 find 返回的是第一个关键字等于 60 的元素，其值为“李”。count(60)成员函数用于返回关键字=60 的元素个数。erase 成员用于元素删除，当其参数为迭代器时，删除对应位置的单个元素；当其参数为关键字值时，删除所有满足条件的元素。clear 成员则用于删除所有容器元素，将容器清空，清空后容器 size=0。

5.3.3 unordered_set 容器与 unordered_multiset 容器

关键字 unordered 表示“无序”，在无序关联容器中，元素并不是按照其值的比较关系(有序)来进行组织和存储的，而是使用一个哈希(hash)函数和关键字类型的==运算符来管理容器。在无序关联容器中，元素之间并没有任何的序关系，当向容器中插入元素时，通过计算关键字的哈希值将其映射到不同的“桶”(bucket)当中，每一个“桶”可以保存一个或多个元素。如果容器允许重复关键字，那么具有相同关键字的元素也会映射到同一个桶中。

在无序关联容器中查找元素时，首先计算元素关键字的哈希值，找到其对应的“桶”。若“桶”中有不止一个元素，则在这些元素中按照顺序进行查找。由此看来，若桶中的元素较多，则需要大量的比较操作，影响查找性能。因此，无序容器的性能与哈希函数的选取以及桶的数量密切相关，哈希函数的质量越好，则能将元素更加均匀地映射到各个桶中，避免大量元素聚集在个别桶中。在理想情况下，每个元素会被映射到唯一的一个桶中。桶的数量越多，映射到同一个桶的元素个数相对就会越少，则能提供更好的查找性能；但另一方面，桶的数量越多，容器的空间利用率越低，因此需要在查找效率和空间利用率之间找到平衡点。

无序容器提供了大量管理“桶”的成员函数，以便程序设计者了解容器状态，在必要的时候修改容器。这些成员函数如表 5.4 所示。

表 5.4　无序容器管理函数

成员函数	作　　用
bucket_size(n)	返回编号为 n 的桶中元素的个数
bucket_count()	返回容器中桶的数量
bucket(key)	返回关键字 key 对应的桶编号
load_factor()	返回平均装填因子=元素数量/桶数量
max_load_factor()	返回最大装填因子。为保证 load_factor<=max_load_factor，容器会在必要的时候增加桶数量
rehash(n)	重建 hash 表，使得 bucket_count>=n
hash_function()	返回 hash 函数对象

小贴士：

需要指出的是，无序关联容器的组织方式使得访问单个元素的效率得到很大提高，但是若要使用迭代器访问其某个范围的元素子集，则效率较低。这是因为元素之间并不存在序关系，逻辑上相邻的元素其哈希值的差异可能较大，会被映射到不相邻的桶中。

除了表 5.4 所列出的成员函数之外，无序容器也提供了许多与有序容器相同的操作，包括 insert、find、equal_range、count 等，因此可以很方便地将有序容器替换为无序容器，而无需修改大量的程序代码。当然，由于无序关联容器中的元素组织和有序关联容器有较大差别，因此输出结果会有比较明显的差异。下面将 5.3.2 的例程 5-14 改造成用无序关联容器实现的版本，如例程 5-15 所示。

例程 5-15　无序关联容器的操作

```
#include<iostream>
#include<unordered_set>                    //头文件
using namespace std;
template<class T>
void display(char*name, T& s)
{
  cout<<name;
  unordered_multiset<int>::iterator it=s.begin();
  while( it !=s.end() )
  {    cout << *it <<"";    it++ ; }
  cout << endl;                            //不支持 at(), []
}
int main()                                 //插入、查找、删除
{
  int a[ ]={9,3,9,7,10,7,3};
```

```
    int size=sizeof(a)/sizeof(int);
    unordered_multiset<int>s;
    for(int i=0; i<size; i++)        s.insert(a[i]);
    display("set:", s);
    cout<<"++find(3):"<< *(++s.find(3))<<endl;
//cout<<"--find(4):"<< *(--s.find(4))<<endl;   unordered_multiset 只支持前向迭代器
    cout<<"count(7):"<< s.count(7)<<endl;
    cout<<"equal_range(9): "<<*(++s.equal_range(9).first)<<","<<*s.equal_range(9).second;
    cout<<endl;
//cout<<"equal_range(10):"<<*s.equal_range(10).first<<","<<*(--s.equal_range(10).second);unordered_mult
iset 只支持前向迭代器，无法实现自减运算
    cout<<endl;
    cout<<"s.erase(3): "<<s.erase(3)<<endl;
    display("set:", s);
    s.erase(s.find(9));      display("set:", s);
    s.erase(*s.find(7));     display("set:", s);
    s.clear();   cout<<"size:"<<s.size();
    cout<<endl;
    return 0;
}
```

程序输出：

```
C:\C++ STL\示例程序代码\chapter05\5-14 unorder...
set:10 7 7 3 3 9 9
++find(3):3
count(7):2
```

例程 5-15 调用的成员函数与例程 5-14 中 multiset 调用的成员函数都相同，包含 insert、find、equal_range、erase 等，但 unordered_set 的不同之处就在于其元素是通过其 hash 值进行映射的，因此值相同的元素彼此相邻但不同元素之间没有序关系。无序容器与有序容器的差别还在于，无序容器仅支持前向迭代器(Forward Iterator)，因此无法实现迭代器的自减运算；而有序容器支持双向迭代器(Bidirectional Iterator)，支持迭代器自增和自减运算。

例程 5-16 讲述了 unordered_set 的桶管理成员函数的用法。

例程 5-16　unordered_set 的桶管理

```
#include <iostream>
#include <unordered_set>
using namespace std;
typedef unordered_multiset<int> Myset;
template<class T>
```

```
void display(char*name, T& s)
{
   cout<<name;
   Myset::iterator it=s.begin();
   while( it !=s.end() )
   {    cout << *it <<"";    it++ ; }
   cout << endl;                                         //不支持 at(), []
}
int main()
{
    int a[ ]={3, 9, 7, 3, 9, 9, 3, 2, 3};
    int size=sizeof(a)/sizeof(int);
    Myset mSet;
    for(int i=0; i<size; i++)       mSet.insert(a[i]);   //插入元素
    display("hash 集合:", mSet);
    cout<<"集合大小:"<<mSet.size()<<endl;
    cout<<"桶的总数:"<<mSet.bucket_count()<<endl;
    cout<<"最大桶数:"<<mSet.max_bucket_count();
    cout<<endl;
    int No_3=mSet.bucket(3);
    int No_7=mSet.bucket(7);
    int No_9=mSet.bucket(9);
    cout<<"桶编号(存放 3):"<<No_3<<",";
    cout<<"桶大小:"<<mSet.bucket_size(No_3)<<endl;
    cout<<"桶编号(存放 9):"<<No_9<<",";
    cout<<"桶大小:"<<mSet.bucket_size(No_9)<<endl;
    cout<<"桶编号(存放 7):"<<No_7<<",";
    cout<<"桶大小:"<<mSet.bucket_size(No_7)<<endl;
    cout<<"平均装载因子:"<<mSet.load_factor()<<endl;
    cout<<"最大装载因子:"<<mSet.max_load_factor();
    cout<<endl;
    cout<<"---重构哈希表≥65 个桶---"<<endl;
    mSet.rehash(65);
    cout<<"桶的总数:"<<mSet.bucket_count() << endl;
    cout<<"最大桶数:"<<mSet.max_bucket_count() << endl;
    cout<<"平均装载因子:"<<mSet.load_factor()<<endl;
    cout<<"最大装载因子:"<<mSet.max_load_factor()<<endl;
    return 0;
}
```

程序输出：

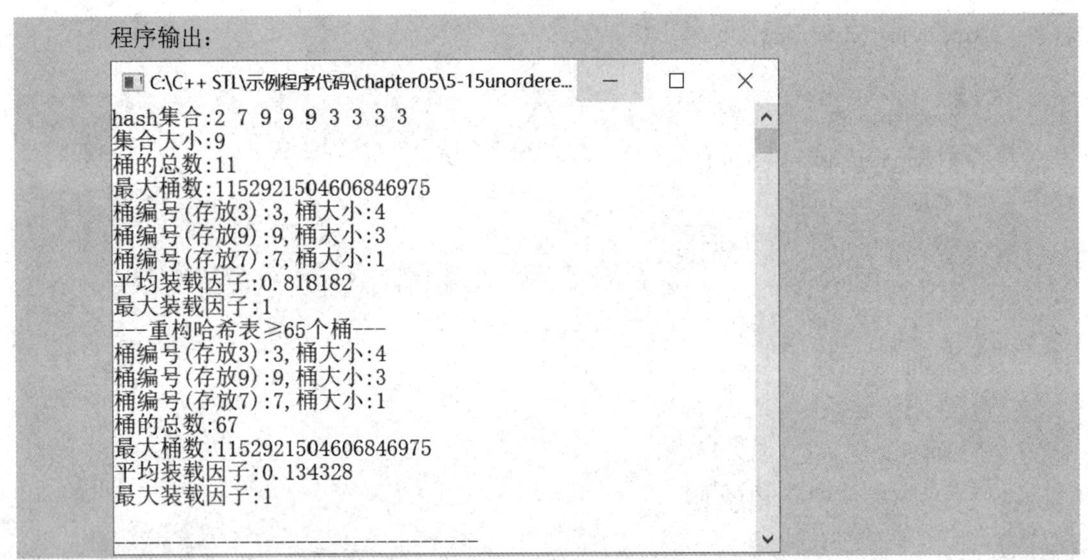

在例程 5-16 中，首先通过 size()成员函数返回集合大小=9，bucket_count 返回桶的数量=11，我们用“集合数/桶的数量”来表示 hash 的“平均装填因子”。bucket(3)返回关键字 3 所对应的桶编号，由于集合中存在四个 3，因此该桶的大小 bucket_size()等于 4；装填因子 load_factor=9/11=0.818 较大，因此调用 rehash(65)将桶的数量由原来的 11 改变成>=65 个桶(实际有多少个桶由 C++自动选取，本例中实际的桶数为 67)，重构 hash 表之后的装填因子下降到 0.134。

> **小贴士：**
>
> **装填因子 load_factor**
>
> 装填因子反映了 unordered_set 容器中元素填满的程度，装填因子越大，意味着填入 hash 表中的元素越多，空间利用率越高，但也意味着发生冲突的可能性也加大了；反之，装填因子越小，意味着填满的元素越少，发生冲突的可能性减少，但空间利用率也随之降低。在实际应用中，必须在“空间利用率”和“冲突的可能”之间找到一个性能折中。unordered_set 中的最大装填因子 max_load_factor=1，当容器中的元素增加时，C++会自动添加新的桶，保证其 load_factor 始终小于等于 max_load_factor。

5.3.4　unordered_map 容器与 unordered_multimap 容器

将集合 set 中的单个关键字替换成键值对 key-value，会得到映射 map。unordered_map 也采用 hash 表的形式来存储元素，定义在头文件<unordered_map>中。除了元素存储组织方式上的差别外，unordered_map 与 map 容器的操作基本一致，主要包括插入(emplace)、查找(find)、计数(count)、删除(erase)等。

下面通过例程 5-17 说明 unordered_multimap 的操作。

例程 5-17　unordered_multimap 操作

```
#include<iostream>
#include<unordered_map>
```

```
#include<string>                        //不能省
using namespace std;
typedef    unordered_multimap <int, string>hash_Map ;
typedef    hash_Map:: value_type    v_t ;
template<class T1, class T2,class T3>
void display(string name, T1& m, T2 key_type, T3 val_type)
{
  cout<<name;
  unordered_map<T2, T3>::iterator it=m.begin();
  while( it !=m.end() )
  {
    cout<<"("<<(*it).first<<", "<<(*it).second<<")";    // <<endl;
    it++;
  }
  cout<<endl;
}
int main()
{
  int a[ ]={80, 60, 70};
  string s[]={"赵", "钱", "孙", "李", "赵", "孙"};
  hash_Map unMap;                              //用 emplace 插入
  unMap.emplace(a[0], s[0]);                   //赵 1：80
  unMap.emplace(a[1], s[1]);                   //钱：  60
  unMap.emplace(a[2], s[2]);                   //孙 1：70
  unMap.emplace(a[1], s[3]);                   //李：  60
  unMap.emplace(a[2], s[4]);                   //赵 2：70
  unMap.emplace(a[1], s[5]);                   //孙 2：60
  display("容器:", unMap, 0, string());
  hash_Map::iterator it = unMap.find(60);
  cout<<"    find(60)处元素: "
    <<(*it).first<<", "<<(*it).second<<endl;
  cout<<"++find(60)处元素: "
    <<(*(++it)).first<<", "<<(*++it).second;
  cout<<"\n 键值 key = 60 的元素总数:"<<unMap.count(60);
// *it = v_t(80, "周");                         //语法 error
//(*it).first = 80;                            // key 不能修改，只能删除
    (*it).second = "王婷";                      // value 可修改，注意迭代器如何移位
  display("\nvalue 改为<王婷>后:\n", unMap, 0, string());
  it = unMap.find(60);                         //重新定位迭代器
```

```
    while((*it).second != "李")   it++;
    unMap.erase(it);                                    // key 修改=删除+插入
    unMap.emplace(80, "周武");
    display("(60, 李)改为(80, 周武):\n", unMap, 0, string());
    int eraseNum = unMap.erase(60);
    display("删除键值 key = 60 的元素后:\n", unMap, 0, string());
    cout<<"删除的元素总数: "<<eraseNum<<endl;
    unMap.clear();   cout<<"clear()后, size = "<<unMap.size();
    cout<<"\n\n";
    return 0;
}
```

程序输出：

```
C:\C++ STL\示例程序代码\chapter05\5-16 unorder...
容器:(70,赵)(70,孙)(60,孙)(60,李)(60,钱)(80,赵)
  find(60)处元素: 60,孙
++find(60)处元素: 60,李
键值key=60的元素总数:3
value改为<王婷>后:
(70,赵)(70,孙)(60,孙)(60,李)(60,王婷)(80,赵)
(60,李)改为(80,周武):
(70,赵)(70,孙)(60,孙)(60,王婷)(80,周武)(80,赵)
删除键值key=60的元素后:
(70,赵)(70,孙)(80,周武)(80,赵)
删除的元素总数: 2
clear()后,size= 0
```

例程 5-17 完成了 unordered_multimap 容器对象的构造、元素插入、查找、计数以及清除操作。需要说明的是，在关联容器中，set 中的关键字是 const 的，map 中的元素是 pair 类型，其中第一个成员 first 用于保存关键字，也是 const 的。因此，不管是在 set 还是 map 中，都不允许给关键字赋值，若要修改关键字，只能选择先删除然后再添加元素。当然，在 map 中若要修改的不是关键字，是第二个成员 second 的值，则是允许的。

在本例中，可以通过迭代器将元素值“钱”修改成“王婷”，但要将(60,李)改成(80,周武)则不能直接修改对应元素的关键字(60 不能直接修改成 80)，而需要先删除元素(60,李)，再重新添加元素(80,周武)。

5.4　容器适配器

C++ 标准模板库定义了三个顺序容器适配器(Container Adaptor),分别是栈(stack)、队列(queue)以及优先队列(priority_queue)。之所以叫做容器适配器，是因为这些容器的内部组织跟一般的顺序容器没有区别，只是在底层容器(Underlying Container)的基础上进行了封装，并提供了若干新的成员函数作为接口来操作其内部元素。其实，适配器(adaptor)的概念不仅可以用在容器上，迭代器和函数也有适配器，只要对原有对象进行封装改变，使其具备新的特性和接口操作，就可以称之为适配器。

如何为容器适配器选择合适的底层容器呢？这主要要考虑二者之间的匹配程度。由于是在底层容器的基础上进行封装，因此容器适配器可以选择那些已经具备所需操作(成员函数)的底层容器，这样在实现过程中可以减少很多工作量。例如，queue(队列)适配器要求实现 push_back(尾部插入)、pop_front(头部删除)操作，因此在 list 或者 deque 容器上去构造 queue 是可行和高效的。而 vector 容器由于不具备 pop_front 操作，所以不能基于 vector 去构造 queue。表 5.5 列出了容器适配器所要求的底层容器。

表 5.5　容器适配器所对应的底层容器

容器适配器	适配器所需操作	可选的底层容器
stack	push_back,pop_back,back,size,empty	vector,list,deque
queue	back,push_back,front,pop_front,size,empty	list,deque
priority_queue	front,push_back,pop_back,随机访问元素	vector,deque

默认情况下，stack 和 queue 都是基于 deque 实现的；由于 vector 的随机访问能力强于 deque，因此 priority_queue 默认选择 vector 作为其底层容器。在实际应用中，可以人为指定适配器的底层容器，方法是在创建适配器时将所选的底层容器作为第二个类型参数来重载默认容器类型：

```
stack(int,vector<int>)   stk;          //基于 vector 实现的栈 stk
```

构建一个整型堆栈 stk，选择 vector<int>作为其底层容器。

5.4.1　栈适配器

1. 栈的基本概念

在数据结构中，将满足后进先出 LIFO(Last In First Out)规则的顺序表称之为堆栈 stack。如图 5-3 所示。

栈也是一个顺序表，但与一般顺序表不同的是，栈不允许在顺序表的中间插入元素，只允许在顺序表的一端进行数据的插入和删除，这个位置称之为“栈顶”，另一端称之为“栈底”。栈底的位置是固定的，而栈顶则因为不断发生元素的插入和删除导致其位置不断变化。插入元素的操作称之为“入栈”(push)，删除元素的操作称之为“出栈”(pop)。图 5-3 为一个顺序栈的基本结构。顺序栈采用顺序存储结构，元素存放在一组连续的内存空间中。此外还有链式栈，链式栈是用链式存储结构实现的栈，如图 5-4 所示。

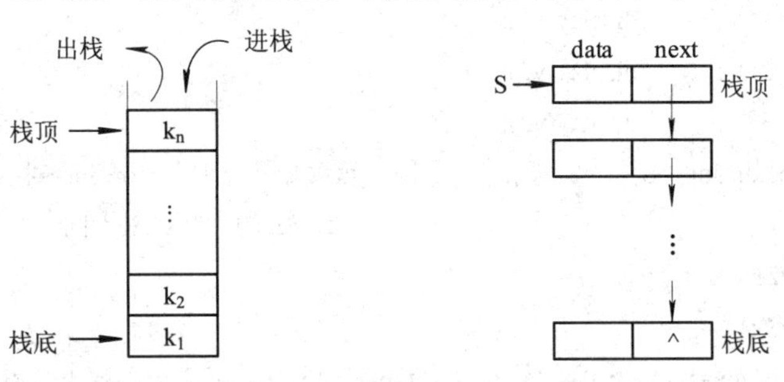

图 5-3　顺序栈示意图　　　　图 5-4　链式栈示意图

相对于顺序栈，链式栈的优点在于可以任意增加元素，没有“栈满”的问题；缺点在于为了存放元素之间的指针，链式栈在空间利用率上低于顺序栈。

2. 栈适配器的使用

stack 定义在头文件<stack>中，其主要的成员函数有：

```
pop()           删除栈顶元素，但并不返回元素
push(item)      将 item 压入栈顶，通常是调用底层容器的 push_back 实现
top()           返回栈顶元素，但并不将元素弹出
```

下面通过例程 5-18 来说明栈适配器的使用方法。

例程 5-18　栈适配器的使用

```
#include <iostream>
#include <string>
#include <stack>
#include <vector>
#include <numeric> // iota()
using namespace std;
template<class T>
void display(vector<T>& vt, bool size=true)
{                       //显示一个向量
    for(int i=0; i<vt.size(); i++)
        cout<<vt[i]<<"";
    if(size==false) return;                 //布尔值 size 决定是否输出 vt 的大小
    cout<<"\nsize:\t"<<vt.size()<<endl;
}
int main()
{
    vector<int> v1(2), v2(3), v3(4);        //元素数
    iota(v1.begin(), v1.end(), 2);          //生成 v1
    iota(v2.begin(), v2.end(), 4);          //生成 v2
    iota(v3.begin(), v3.end(), 7);          //生成 v3
    cout<<"v1:\t";      display(v1);
    cout<<"v2:\t";      display(v2);
    cout<<"v3:\t";      display(v3);
    stack<vector<int>>S;                    //每个元素都是一个 vector<int>对象
    S.push(v1);                             // v1、v2、v3 的大小可以不同
    S.push(v2);
    S.push(v3);
    vector<int>top=S.top();                 // top() 读取栈顶元素但不弹出
    cout<<"栈顶:\t";
```

```
        display(top, 0);
        cout<<"\n 栈 size: "<<S.size()<<endl;
        if(v3 != v2)   S.pop();                    // pop 不会返回栈顶，top=S.pop(); 报错
        top=S.top();                               // void pop()
        cout<<"栈顶:\t";
        display(top, 0);
        cout<<"\n 栈 size: "<<S.size()<<endl;
        while(!S.empty())    S.pop();              //清空栈
        cout <<"栈空:\t"<<(S.empty()?"Yes":"No")<<"\n\n";
        return 0;
    }
```

程序输出：

```
C:\C++ STL\示例程序代码\chapter05\5-17stack 成...
v1:     2 3
size:   2
v2:     4 5 6
size:   3
v3:     7 8 9 10
size:   4
栈顶:   7 8 9 10
栈size: 3
栈顶:   4 5 6
栈size: 2
栈空:   Yes

--------------------------------
```

头文件中引入<numeric>是为了调用函数模板 iota:

```
void iota (ForwardIterator first, ForwardIterator last, T val);
```

iota 可以在指定的范围[first,last)内填充数字序列，语句 iota(v1.begin(), v1.end(), 2)表示向容器 v1 中填入以 2 开头的数字序列：2，3。若 v1 的容量为 3，则会填入 2，3，4；依此类推。要注意下面两个语句的差别：

```
stack<vector<int>>S;                //创建栈 S，S 的元素类型为 vector<int>
stack<int,vector<int>> S;           //创建栈 S，S 的元素为 int，底层容器选择 vector
```

栈 S 中的每一个元素都是 vector<int>对象，各个元素的大小可以不同。由于 pop 成员没有返回值，因此形如 top=S.pop()的语句将会报错。此外 stack 并没有清除 erase 成员函数，因此要清空 stack 就必须不断 pop，直到栈为空 S.empty()==true。

5.4.2　队列 queue

队列是一种只能在一端插入、在另一端删除元素的线性表。队列满足先进先出 FIFO (First In First Out)的规则，其中插入端也叫做“队尾”，实现“入队”操作；删除端也叫做“队头”，实现“出队”操作，如图 5-5 所示。

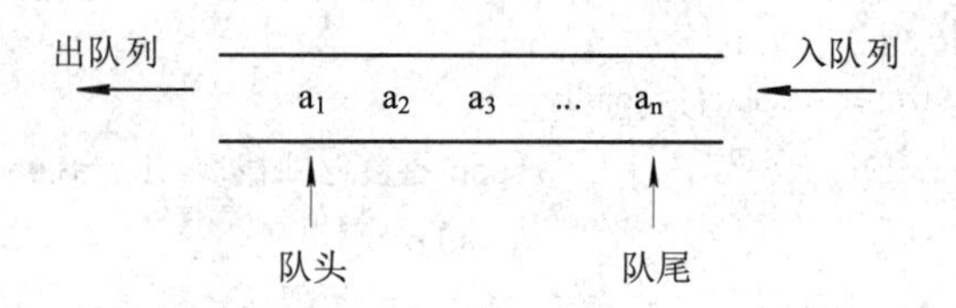

图 5-5　队列示意图

队列从本质上讲就是一个操作受限的线性表。依据队列的存储结构，可将队列分成顺序队列和链式队列。由于分别在队列的两端进行插入和删除，因此设定了两个“指针”(位置指示符)，分别是指向队头的 front 和指向尾后的 rear。初始化队列的时候，front==rear，此后每次入队则 rear++，每次出队则 front++。队列的大小(size)可以通过计算 front 与 rear 之间的“距离”来获得。

顺序队列中还会出现“假溢出”的问题。如图 5-6 所示，随着队列元素的插入与删除，rear 与 front 指针不断变化。当 rear 指向“尾后”时产生“溢出”(队列满，无法插入)，但此时队列的存储区并没有满，因为队列头部有元素出队而出现空余，称之为“假溢出”。为了解决“假溢出”的问题，我们引入了“循环队列”的结构。可以将循环队列看作是把普通队列首尾相连的结果，这样就将整个存储区连接起来，rear 指针只要不能“追上”front 指针，则队列中就仍然存在可用空间。

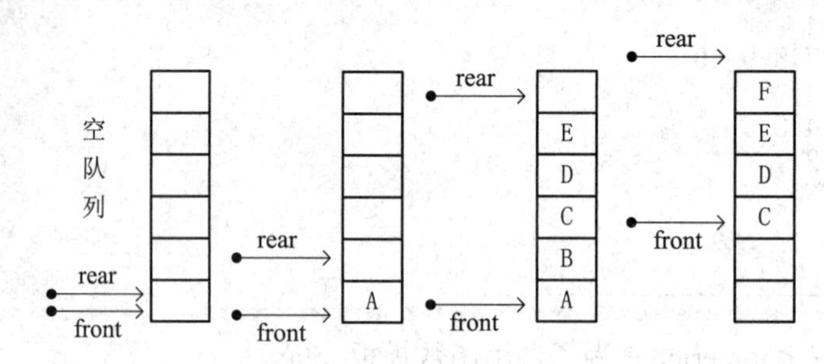

图 5-6　顺序队列的“假溢出”

虽然循环队列解决了“假溢出”的问题，但又带来了无法区分“空队列”和“满队列”的新问题，如图 5-7 所示。在满队列和空队列的情况下，rear 指针和 front 指针的状态都一样，即 front==rear，可以通过设置标志变量或者计数器变量等方法区分队空与队满。

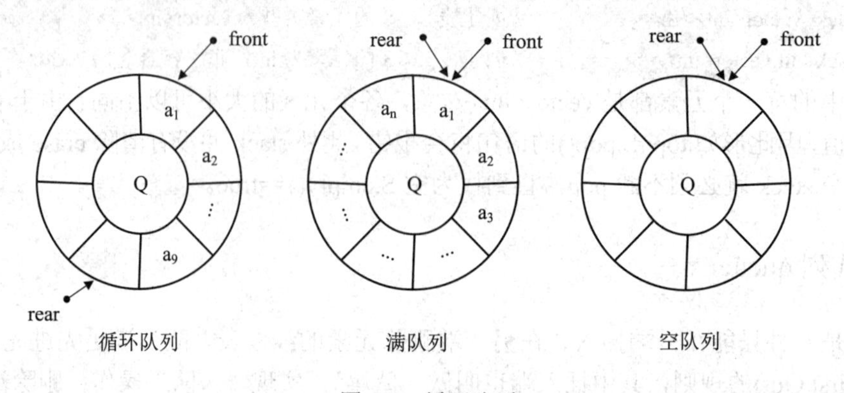

图 5-7　循环队列

链队列的大小不受限。为了方便队列操作，链表中分别设置了队头和队尾指针，并保留链表的头节点，如图 5-8 所示。

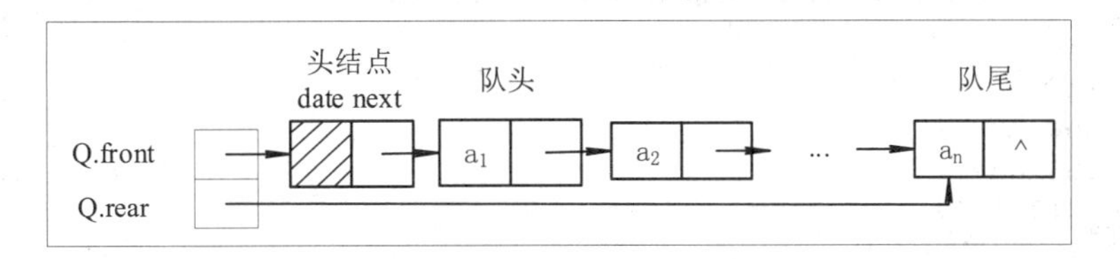

图 5-8　链队列示意图

队列(queue)和优先队列(priority_queue)都定义在头文件<queue>中。下面通过例程 5-19 说明队列适配器的主要用法。

例程 5-19　队列适配器的使用

```
#include <iostream>
#include <string>
#include <queue>                              //头文件
using namespace std;
int main()                                    //push, pop, size, front, back, empty
{
    string s1("① C++");                 cout<<s1<<endl;
    string s2("② is");                  cout<<s2<<endl;
    string s3("③ powerfull");           cout<<s3<<endl;
    string s4("④ language");            cout<<s4<<endl;
    queue<string>que;                         // string 是"似容器"
    que.push(s1);
    que.push(s2);
    que.push(s3);
    que.push(s4);
    cout<<"que.size():"<<que.size()<<endl;
    string temp=que.back();
    cout<<"队尾:"<<temp<<endl;
    cout<<"队头:"<<que.front()<<endl;
    cout<<"-------出队-------"<<endl;
    while( !que.empty() )
    {
        cout<<"队头:"<<que.front()<<"\n";
        que.pop();       //先输出队头，再删除队头，直到清空整个队列
    }
    return 0;
}
```

程序输出：

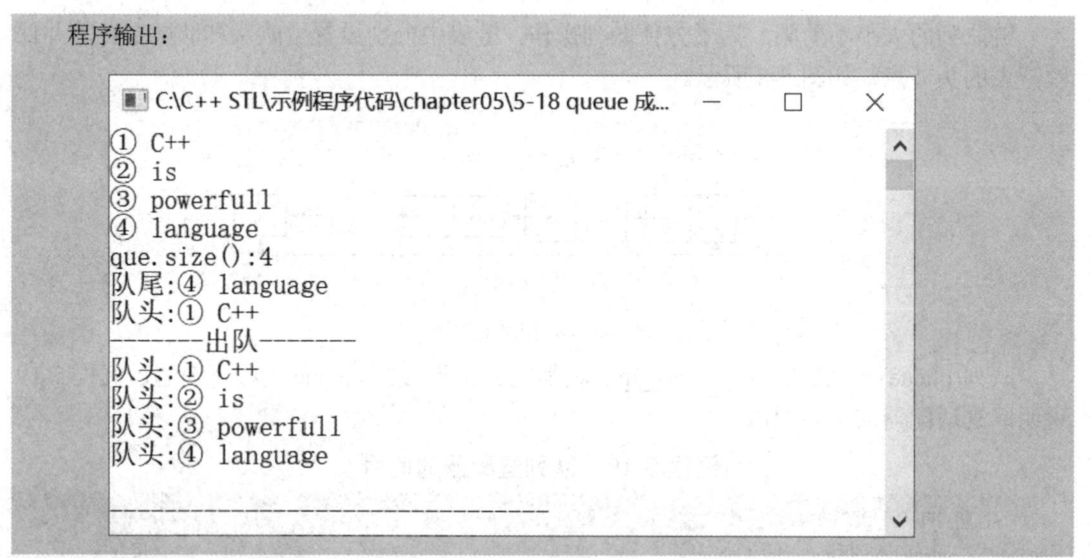

需要注意的是，在例程 5-19 中，为了输出整个队列元素所采用的方法是：先输出队头元素，然后再删除队头；接下来再输出新的队头，再删除之；依此类推，直到清空整个队列为止。是否有更好的方式输出整个队列，而不用清空整个队列呢？答案是否定的。由于队列并未提供迭代器，使得外界无法像标准容器一样利用迭代器遍历队列，只能通过其成员函数访问队列元素，因此受限于 queue 向外界所提供的接口功能，只能如本例一样输出队列，不能做到在保留队列元素的前提下输出。这也是 C++ 封装机制的特性。

5.4.3　优先队列(priority_queue)

从概念上看，优先队列是在满足严格弱序的前提下，保证每次出队的元素都是整个队列中优先值最大的元素，即是优先队列，这与数据结构中的“堆”的概念相吻合。实际上，C++标准库中的优先队列就是一个堆，允许在任何时候插入元素，但每次只能取出优先队列的头部元素，这个元素也是整个队列的最大值(堆顶元素)。

优先队列并未向外界提供迭代器，但却要求支持随机访问迭代器的容器作为其底层容器，因此优先队列的底层容器可以是 vector 或者 deque；但不能选择 list，主要原因在于优先队列需要使用随机访问迭代器访问和调整容器内的元素，而 list 并不支持这种迭代器。读者可能会觉得这似乎与之前的逻辑相悖，队列是不允许访问容器中间的元素的，既然只能访问队头元素，那么为何需要随机访问迭代器呢？

实际上，随机访问迭代器是用于调整优先队列的内部元素，使之满足“堆结构”的必要方法。每当取出队头元素或者插入新元素之后，优先队列都需要重新调整队列结构，得到一个新的堆。容器会自动通过调用 make_heap、push_heap 和 pop_heap 这样的通用算法来实现整个过程。而这些调整堆的算法，必须要获得随机迭代器的支持。

1. 堆结构

在数据结构中，堆是具有父母优势的一棵完全二叉树。所谓父母优势，是指在这棵二叉树中，任意父母节点的 key 都大于等于其子女的 key(大根堆)，或者父母节点的 key 都小于等于其子女的 key(小根堆)，如图 5-9 所示。

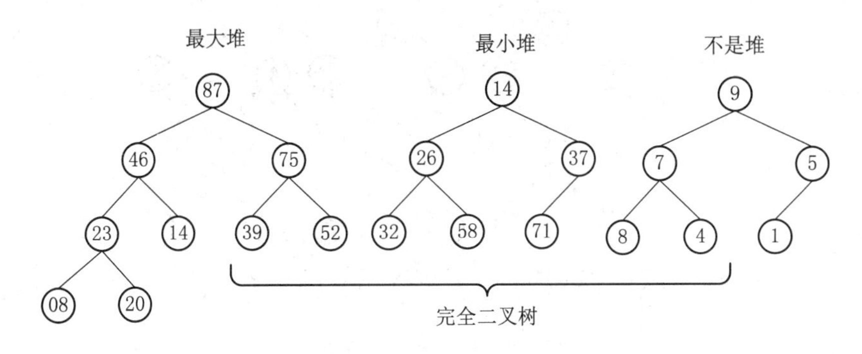

图 5-9　堆

堆是一棵完全二叉树。完全二叉树有一个重要的性质：若给一棵完全二叉树的所有结点沿着自上而下、从左到右的方向进行编号，如图 5-10 所示。

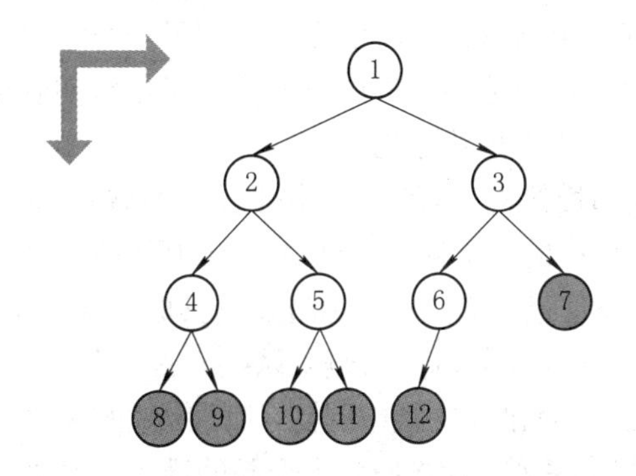

图 5-10　完全二叉树：编号与树结构

则对于任意结点 i，可以根据其自身编号 i 计算出其父母、孩子、兄弟结点的编号：

父母：Parent(i) = [i/2]　　$2 \leqslant i \leqslant n$

左子女：LChild(i) = 2i　　$2i \leqslant n$

右子女：RChild(i) = 2i+1　　$2i+1 \leqslant n$

左兄弟：LSibling(i) =i−1　　$3 \leqslant i \leqslant n$，且为奇数

右兄弟：RSibling(i) = i+1　　$i+1 \leqslant n$，且为偶数

如此编号后，整棵树的结构关系就可以通过上述方式计算出来，再将结点按照编号的顺序存入数组 H[i]中，就得到了如图 5-11 所示的存储结构。结点编号 $i \leqslant [n/2]$的所有结点都位于父母区，其余结点位于叶子区。

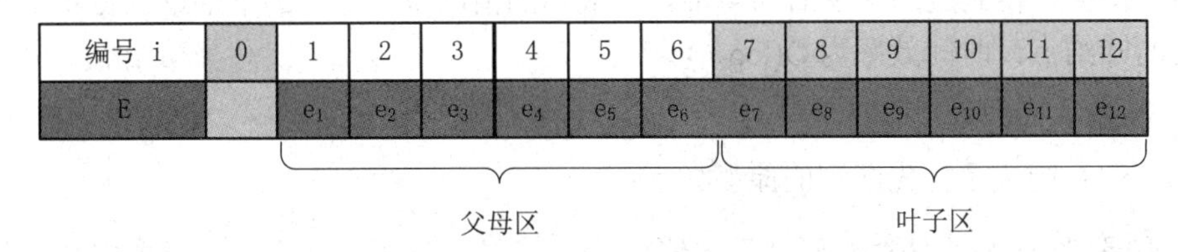

图 5-11　完全二叉树的存储结构

在了解完全二叉树的一维数组存储形式之后，进一步考虑将这棵完全二叉树调整为一个堆。构造堆的算法称之为 make_heap，如图 5-12 所示。

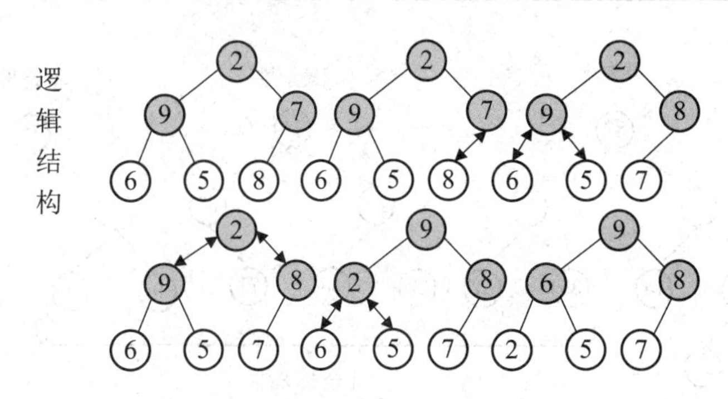

图 5-12　构造堆的下推算法

堆的构造首先从完全二叉树的父母区的最后一个结点(本例中 key=7 的结点)开始从后往前遍历整个父母区，将父母结点依次取出，并与其左右孩子中 key 较大的孩子做比较，若父母结点的 key<孩子结点的 key，则将该父母结点与其孩子结点进行交换；直到所有的父母结点的 key 都大于其孩子结点为止。这样就得到了一个大根堆，构造小根堆的过程与之类似。由于在整个过程中不断地将父母结点与其孩子结点间做交换，将 key 值较小的父母结点向下推，因此称之为“下推算法”。

介绍完堆的存储结构与堆的构造算法后，相信读者也就对标准库中的 priority_queue 的底层实现有所了解了。在这样的一个优先队列中(本质上就是一个大根堆)，其队头元素也就是堆的根，总是队列中 key 值最大的元素。通过调用其成员函数 top 可获得队头元素，也就是“最优先”的元素；调用成员函数 pop 可删除队头元素，头元素被删除后需要重新调整整个队列，得到一个新的堆。在标准库文档中提到，删除优先队列的队头之后容器将会自动调用 pop_heap 算法来调整整个序列，使之成为一个新的堆，其调整过程如图 5-13 所示。

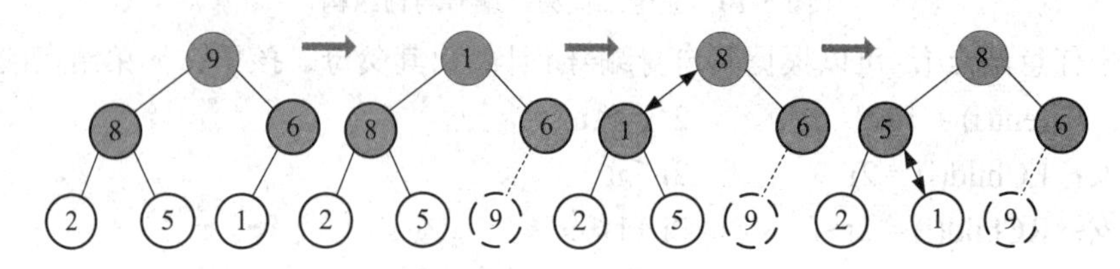

图 5-13　根的删除过程

删除堆顶 9 其实是将堆顶与最后一个叶子结点 1 进行交换，交换之后的堆顶元素为 1。显然 1 并非剩余元素中的最大值，此时的二叉树不是一个堆。接着开始“下推”过程，将堆顶 1 向下推，与左孩子 8 和右孩子 6 中值较大的 8 做交换。之后再递归调用下推过程，将 1 与 5 交换，得到删除根 9 后的新堆。在最坏的情况下，上述的下推过程将新根下推至最底层的叶结点，时间效率为 $O(\log_2 n)$。

2. 优先队列的构造

C++ STL 中关于优先队列的原型如下：

```
template <class T, class Container = vector<T>,
class Compare = less<typename Container::value_type>> class priority_queue;
```

从中可以看出，优先队列容器包含三个类型参数，第一个类型参数 T 用于指明容器中所存放的元素类型；第二个类型参数表示其对应的底层容器，默认是 vector(vector 的元素随机访问效率最高)；第三个参数则是一个用于元素之间比较的函数对象，默认是 less，即构造的是一个大根堆。若要构造小根堆，只需将 less 替换成 greater 即可。

所有的堆构造、根删除以及调整堆的操作都是容器在发生元素删除和插入之后动态调整实现的。下面通过例程 5-20 来加以说明。

例程 5-20　优先队列的构造

```
#include <iostream>
#include <string>
#include <queue>                          //优先队列 priority_queue 头文件
#include <vector>                         //用于构造优先队列的底层容器
#include <deque>
#include <functional>                     //greater<int>用于设置大小堆的函数对象
using namespace std;
template <class T>
void display_PriQue(string name, T& pri_q)
{                                         //遍历显示：优先队列的堆顶元素
  if(pri_q.size()==0)
     { cout<<name<<":(空)\n";   return; }
  cout<<name<<" 删堆顶序：";
  while( !pri_q.empty())
  {
     cout<<pri_q.top()<<"";
     pri_q.pop( );                        //显示：堆顶删除顺序，而非优先队列的存储顺序
  }                                       //怎么知道其内部存储结构？类本身没有提供接口
  cout <<"\tsize="<<pri_q.size()<<endl;
}
template <class T>
void display_Vector(string name, T& vt)   //显示 vector
{
   cout<<name<<":" ;
   for ( int i=0; i<vt.size() ; i++ )
      cout<<vt[i]<<"";
   cout<<endl;
}
int main( )
{
   //默认采用 vector 作为底层容器
   priority_queue<int> q1;
   display_PriQue("q1", q1);
```

```
    // 采用 deque 作为底层容器构造
    priority_queue<int, deque<int>> q2;
    q2.push( 5 );
    q2.push( 15 );
    q2.push( 10 );
    display_PriQue("q2", q2);
    // 改变比较函数 comparison function  构造小根堆
    // greater : min-heap
    priority_queue <int, vector<int>, greater<int>> q3;
    q3.push( 2 );
    q3.push( 1 );
    q3.push( 3 );
    display_PriQue("q3", q3);
    q1.push( 100 );
    q1.push( 200 );
    priority_queue <int> q4(q1);                    //拷贝构造
    display_PriQue("q4", q4);
    // v5[_First, _Last)
    int a[]={10, 30, 20};
    vector <int>v5(a, a+3);                         //用于初始化 q5
    priority_queue <int> q5( v5.begin(), v5.begin()+3 );
    display_PriQue("q5", q5);
    display_Vector("v5", v5);
    priority_queue<string> sq;
    for(int i=1; i<=3; i++ )
        sq.push(string(i, '*'));
    display_PriQue("sq", sq);
    return 0;
}
```

程序输出：

```
C:\C++ STL\示例程序代码\chapter05\5-19 priority_...
q1:(空)
q2 删堆顶序: 15 10 5     size=0
q3 删堆顶序: 1 2 3       size=0
q4 删堆顶序: 200 100     size=0
q5 删堆顶序: 30 20 10    size=0
v5:10 30 20
sq 删堆顶序: *** ** *    size=0

--------------------------------
```

例程 5-20 演示了采用不同构造函数构造优先队列的方法。虽然前面已经分析了优先队列的存储结构以及堆的相关算法，但是由于适配器在底层容器上进行了封装，只向外提供了获取队头(堆顶)元素的方法 top 以及删除队头(堆顶)的方法 pop，因此无法输出容器内部元素的结构。本例中所定义的 display_PriQue 函数只能通过不断获取堆顶、删除堆顶、再次获取新的堆顶、再删除新的堆顶的方式输出容器元素，因此元素输出的顺序都是有序的。除了 q3 在定义时设置成了小根堆，输出顺序是由小到大之外，其余的容器都是大根堆，输出结果都是由大到小。

想要一窥究竟优先队列内部的元素组织，通过 priority_queue 所提供的成员函数是无法达成的，但是堆构造所用的通用算法 make_heap、push_heap 以及 pop_heap 则是公开可见的。下面就用上述堆构造的通用算法和 vector 容器来模拟一个优先队列，并查看队列内部的组织形式，如例程 5-21 所示。

例程 5-21　priority_queue 的内部存储结构

```
#include <iostream>
#include <string>
#include <vector>
#include <algorithm>                              //通用算法
using namespace std;
template<class T>
void displayVt(string name, T& vt)
{
    cout<<name<<":" ;
    for( int i=0; i<vt.size() ; i++)
        cout<<vt[i]<<" ";
    cout<<endl;
}
int main()
{
    int ary[]={2, 9, 7, 6, 5};
    vector<int> vt(ary, ary+5);
    displayVt("原始向量(vt)",vt);
    //将 vt 构造成一个大根堆(默认)
    make_heap(vt.begin(), vt.end());                //算法 make_heap()
    displayVt("造大顶堆(vt)", vt);
    vt.push_back(8);                                //插入新元素
    push_heap(vt.begin(), vt.end());                //算法 push_heap()
    displayVt("造大顶堆(vt)", vt);
    //make_heap(vt.begin(), vt.end(), greater<int>());        //构造小根堆的方法
    cout<<"---演示：堆顶删除过程---"<<endl;
    for(int i=0; i<vt.size(); i++)
```

```
    {
        pop_heap(vt.begin(), vt.end()-i);                    //算法 pop_heap()
        displayVt("删堆顶后(vt)", vt);
    }
    cout<<endl;
    return 0;
}
```

程序输出：

```
C:\C++ STL\示例程序代码\chapter05\5-20 priority_...
原始向量(vt):2 9 7 6 5
造大顶堆(vt):9 6 7 2 5
造大顶堆(vt):9 6 8 2 5 7
---演示：堆顶删除过程---
删堆顶后(vt):8 6 7 2 5 9
删堆顶后(vt):7 6 5 2 8 9
删堆顶后(vt):6 2 5 7 8 9
删堆顶后(vt):5 2 6 7 8 9
删堆顶后(vt):2 5 6 7 8 9
删堆顶后(vt):2 5 6 7 8 9
```

输出结果是向量容器 vt 中的元素组织发生了变化。可以看到，大根堆的头元素(堆顶)在删除时直接与最后的叶子结点交换，然后 pop_heap 会重新组织剩余的元素，再次构成大根堆；多轮循环迭代之后，其删根的顺序 9、8、7、6、5、2 形成一个从大到小的序列，而最终向量容器内的元素组织 2, 5, 6, 7, 8, 9 则构成一个从小到大的序列。

将向量容器 vt 的元素用二叉树形式来表示，如图 5-14 所示。

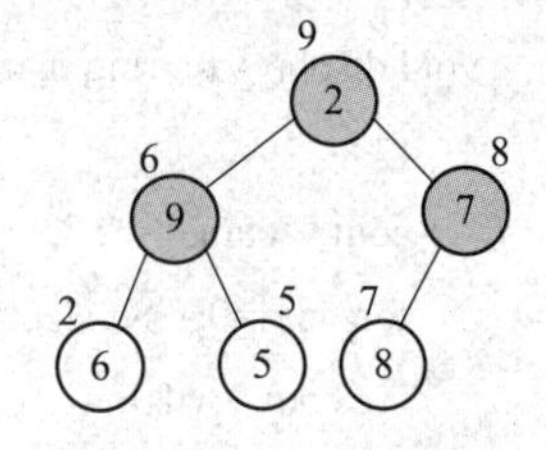

图 5-14　堆的逻辑结构

结点内的数字表示按照原始向量元素顺序所对应的完全二叉树，结点上方的数字表示调整成堆后的元素顺序。有兴趣的读者也可以自行补充画出每次删根操作后的堆变化情况。

5.5　似　容　器

在 C++ 标准库中，还有一些类模板并不是容器，但是其组织与操作和标准容器之间有着或多或少相似的地方，我们姑且称之为似容器(Almost Container)。主要包括 string 字符串、valarray 值数组以及 bitset 位集合。

string 字符串类的内部组织与顺序容器非常类似，但是不能像标准容器一样可以选择不同的数据类型作为其成员。string 由字符元素所构成，并做了专门的优化，提供了大量用于字符串处理的成员函数，其用法与标准容器之间有所差别，本书已在第四章对 string 类做了详细介绍。

valarray 值数组被设计和优化为专门处理数值的向量。大多数的数学操作都能直接应用到 valarray 对象上，本书将在第 10 章对 valarray 做详细介绍。

bitset 位集合则是将二进制位作为其内部元素，提供了二进制位运算相关的各种操作。例程 5-22 以 bitset 位集合为例，说明似容器的构造与使用。

例程 5-22　bitset 构造

```
#include <bitset>
#include <iostream>
int main( )
{
    using namespace std;                    // main()有效
    bitset<2> b0;                           //缺省：初值 0
    cout<<"b0<2>: "<<b0<<endl;
    bitset<6> b1(11);                       //6 位，初值 11，高位补 0
    cout<<"b1<6>: "<<b1<<endl;
    bitset<3> b2(11);                       // 11 对应的二进制位数>3，超出部分截断
    cout<<"b2<3>: "<<b2<<endl;
    bitset<7> b3("1001001");                // c-style string
    cout<<"b3<7>: "<<b3<<endl;
    string s1("10011");                     // string
    bitset<5> b4( s1 );
    cout<<"b4<5>: "<<b4<<endl;
    string s2("1110011011");                //范围
    bitset<7> b5(s2, 5, 4 );                // [5...+4 个]
    cout<<"b5<7>: "<<b5<<endl;
    bitset<5> b6(s2, 5);                    // to end
    cout<<"b6<5>: "<<b6<<endl;
    system("pause");
}
```

程序输出：

```
C:\C++ STL\示例程序代码\chapter05\5-21 bitset 构...
b0<2>: 00
b1<6>: 001011
b2<3>: 011
b3<7>: 1001001
b4<5>: 10011
b5<7>: 0001101
b6<5>: 11011
```

在定义 bitset 对象时，<>内的数字 N 表示二进制位数，可以直接用整型值(将被转换成 unsigned long long 类型)作为位模式，也可以用 0、1 组成的字符串作为位模式进行初始化。若整型值转换得到的二进制位数与所定义的 bitset 对象位数不匹配，则将超出部分截断或者在高位进行“补 0”。使用 0、1 字符串对 bitset 对象进行初始化时，其方式与标准容器

的初始化类似。

例程 5-23 说明如何访问 bitset 中的位元素。

例程 5-23　访问 bitset 的位元素

```
#include <iostream>
#include <string>
#include <bitset>
using namespace std;
int main()
{
    bitset<5> bit_s1;                        // 5 位
    string s = bit_s1.to_string();
    cout<<"bit_s1:  "<<     s<<endl;
    cout<<"size:"<<bit_s1.size()<<endl;
    cout<<"count:"<<bit_s1.count()<<endl;
    cout<<"第 0 位=1: "<<bit_s1.set(0)<<endl;
    cout<<"count:"<<bit_s1.count()<<endl;
    bit_s1[2]=true;                          //支持 [ ] 访问元素
    cout<<"第 2 位=1:"<<bit_s1<<endl;
    cout<<"count:"<<bit_s1.count()<<endl;
    cout<<"第 3 位=0: "<<bit_s1.set(3, 0)     <<endl;
    cout<<"count:"<<bit_s1.count()<<endl;
    cout<<"所有位=1:"<<bit_s1.set()<<endl;
    cout<<"count:"<<bit_s1.count()<<endl;
    bitset<5>bit_s2(string("1111101"), 2, 5);
    cout<<"bit_s2:  "<<     bit_s2<<endl;
    return 0;
}
```

程序输出：

```
C:\C++ STL\示例程序代码\chapter05\5-22 bitset 元...
bit_s1:  00000
size:5
count:0
第0位=1: 00001
count:1
第2位=1:00101
count:2
第3位=0: 00101
count:2
所有位=1:11111
count:5
bit_s2:  11101
count:4
```

bitset 二进制位的位置是从 0 开始编号的，支持通过下标[ ]运算符访问元素。size 成员用于返回 bitset 对象的位数；count 成员用于返回 bitset 对象中置位(某位的值为 true 或 1 即置位)的位数；set(pos,v)用于将位置 pos 处的位设置为 bool 值 v，v 的默认值为 true。若未传递实参，则 set()将 bitset 对象的所有位置位。

下面通过例程 5-24 说明 bitset 如何进行位运算。

例程 5-24 bitset 位运算

```
#include <iostream>
#include <string>
#include <bitset>
using namespace std;
int main()
{
    bitset<5> s1("01011");
    bitset<5> s2("10010");
    cout<<"s1:\t    "<<s1<<endl;
    cout<<"s2:\t    "<<s2<<endl;
    s1 &= s2;                           // AND: s1=s1&s2; 同 i+=1
    cout<<"s1&=s2,s1=s1&s2  屏蔽"<<endl;
    cout<<"s1:\t    "<<s1<<endl;
    cout<<"s2:\t    "<<s2;
    cout<<"\n---------------------\n";
    bitset<5> s3("01011");
    cout<<"s3:\t    "<<s3<<"("<<s3.to_ulong()<<")"<<endl;
    bitset<5> s4("10010");
    cout<<"s4:\t    "<<s4<<"("<<s4.to_ulong()<<")"<<endl;
    bitset<5> s5=s3|s4;                 // OR：或
    cout<<"s5=s3|s4: "<<s5<<"  置 1"<<endl;
    s5=s3^s4;                           // XOR：异或
    cout<<"s5=s3^s4: "<<s5<<"  去同存异\n";
    s3<<=1;                             // s3=s3<<1; 左移 1 位
    cout<<"s3<<=1:\t    "<<s3<<"  低位补 0\n";
    cout<<"十进制 s3: "<<s3.to_ulong()<<endl;
    s4>>=1;                             //右移 1 位
    cout<<"s4>>=1:\t    "<<s4<<"  高位补 0\n";
    cout<<"十进制 s4: "<<s4.to_ulong()<<endl;
    cout<<"s4>>=1:\t    "<<(s4>>=1).to_ulong();
    cout<<endl;
```

```
    return 0;
}
```

程序输出：

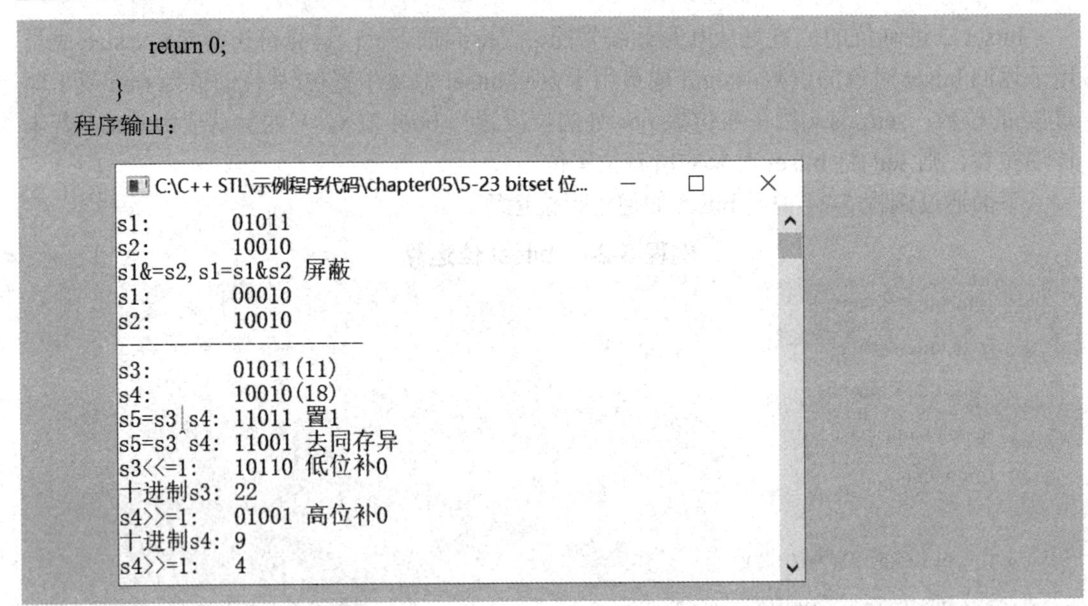

bitset 对象主要用于位运算。例程 5-24 主要演示了 bitset 对象的二进制与运算(&)、或运算(|)、异或运算(^)、左移(<<)与右移运算(>>)。

本 章 小 结

容器是用于存储数据对象的一系列类模板。容器为其中的元素提供了存储空间的组织与管理，并通过成员函数以及迭代器对内部的元素进行访问和操作。本章主要介绍了顺序容器、关联容器以及容器适配器。

不同的容器是对不同数据结构的泛化实现，因而有着各自不同的组织结构和特点，分别适用于不同的操作。每个容器都定义了构造函数，用于添加、删除、查找、访问元素等基本操作。更多的容器操作是在通用算法中加以实现的，本书将在后续章节介绍通用算法。

课 后 习 题

一、概念理解题

1. 顺序容器包括哪三种？各自以什么数据结构作为基础？都有些什么特点？
2. 容器的共性是什么？
3. 容器适配器与标准容器之间有什么关系？
4. 关联容器都有哪几种？各自有什么特点？
5. 表 5.6 从多个方面对本章所介绍的容器进行了比较，请读者自行总结并完善表 1。

表 5.6 各种容器的比较

容器	底层数据结构	主要成员函数	是否支持[]与 at()	数据插入方法	数据删除方法	成员是否有序	迭代器类型
vector							
deque							
list							
set							
map							
unordered_set							

6. 请从运行效率和返回值等方面比较 list 与 vector 的成员函数 erase 之间的差异，并自行设计程序验证。

二、上机练习题

1. 理解本章所有例题并上机练习，回答提出的问题并说明理由。

2. 在 C++STL 中，栈类是一个容器适配器，包含许多成员函数，例如 push()、pop()、size()、top()以及 empty()。请构造一个存放 float 型数据的栈，然后利用这个栈调用上述成员函数，领会栈的特点及其成员函数的用法。

3. 编程测试容器适配器 queue 的构造方法与主要的成员函数，要求以 deque 作为其底层容器。

4. 编写程序，要求如下：

(1) 初始化一个 vector 容器(assign)并循环插入(insert 或 push_back)10 个数据，分别利用下标和迭代器遍历输出所有数据。注意比较数据插入前和插入后容器的 capacity 变化。

(2) 删除部分数据(erase 或 pop_back)。注意可能导致迭代器失效的问题，再次遍历输出所有数据(可以采用 for_each 与函数对象实现)。

(3) 注意观察整个过程中容器 size 和 capacity 的变化及相应的 resize 和 reverse 方法的差异。

5. 使用映射建立阿拉伯数字 1～7 与英文单词 Monday～Sunday 的映射关系，要求在程序中输入阿拉伯数字(例如 1)时，输出对应的英文单词(Monday)。

6. 编写程序，生成 500 个 1～20 之间的随机整数，统计并输出各个数字的出现频率。采用多种容器来实现，并比较各种方案之间的优劣。

7. 编写一个函数模板 MyCopy，可用于将容器中特定范围内的元素拷贝到目标容器中，若目标容器的容量不够则输出错误信息并返回。重载 MyCopy，使其将一个输入文件复制到一个输出文件中。

8. 建立一个简易的学生成绩管理程序，将输入的学生学号和成绩存入映射容器中(允许成绩相同)，并统计成绩平均分以及各个分数段(每 10 分一个分数段)的学生人数。此外，还要求程序能按照预制条件(例如分数>80)筛选学生，输出满足条件的学生学号及其分数。

9. 编写程序 popTo(elem e)，运用堆栈存储数据，删除参数 e 之上的所有元素。如果 e

不存在，则使整个堆栈变为空。

10. 编写函数 printStack，自底到顶打印整个堆栈的元素，并使堆栈为空。

11. 哈夫曼编码是一种前缀编码，即要求任一字符的编码都不是其他字符编码的前缀。可以通过构造哈夫曼树来获得哈夫曼编码。请利用优先队列(priority_queue)来存放待编码的字符频率(权值)，取出频率最低的两个节点并用新节点将其替换(新节点成为二者的父节点，其频率等于二者之和)；如此循环，直到队列中只剩一个节点(树根)为止；最后遍历整个哈夫曼树，并按照左 0 右 1 的编码规则输出每个字符对应的哈夫曼编码。哈夫曼树结构定义如下：

```
Typedef struct HuffTree
{
        int weight;        //字符出现频率(权值)
        char key;
        struct HuffTree *left,*right;
        HuffTree(int w, char c='\0', HuffTree *l=nullptr, HuffTree *r=nullptr):
weight(w), key(c), left(l), right(r){};
} HuffTree, *pHuffTree;
```

12. 给定一篇英文文章，请创建一个集合，保存文章中出现的单词；再创建一个映射，保存单词和单词在文章中出现的次数。

第六章　C++STL 通用算法与迭代器

C++ 标准库提供了 100 多个通用算法。这些算法之所以称之为通用(generic)算法，是因为它们通过迭代器来访问容器元素，从而屏蔽掉了容器之间的差异，使之不依赖于具体的容器和元素类型。按照迭代器的语义功能，可将迭代器分成 5 类，这 5 类迭代器所支持的功能强弱不同。此外本章还介绍了预定义迭代器和算法的一般参数形式以及通过自定义函数对象改变算法操作的方法，最后介绍了常用算法的分类，按照算法是否会改变元素值或者排列顺序将算法分成了可变序列算法与非可变序列算法等。

本章主要内容

- 通用算法概述；
- 迭代器语义分类；
- 预定义迭代器；
- 算法结构与谓词；
- 算法分类。

6.1　通用算法概述

标准库容器通常只提供了较少的成员操作函数，这些操作主要用于容器的初始化以及元素的插入、删除和访问等。这样设计的原因是不同容器的组织与存储结构不同，因此元素操作方式也不同。显然，这些基于标准容器的操作集并不能很好地满足用户的需要，因此 C++ STL 以函数模板的形式提供了大量的操作接口，称之为通用算法。这些泛型算法不依赖于具体数据类型和容器，通过迭代器访问容器元素，包含常用的一些算法，例如排序、查找、合并等。

泛型算法基本上都定义在头文件<algorithm>中，部分数值算法定义在<numeric>文件中，与算法调用密切相关的函数对象则定义在<functional>头文件中。算法操作的对象来自于不同的容器，而标准容器之间的存储结构差异巨大，怎样才能保证算法的通用性，做到算法与容器无关呢？答案是利用迭代器来实现。每个标准容器内部都定义了相应的迭代器，可以用于访问容器内的元素以及在元素之间进行移动；容器可以根据自身结构来设计和实现对应的迭代器。泛型算法则借助迭代器来访问容器元素，从而将不同容器元素访问的差异性加以屏蔽，只关注于具体算法核心逻辑的实现。

由于通用算法运行在迭代器之上，因此算法可以改变容器元素，也可以移动容器内的元素，但却不能直接添加或删除元素，特殊情况除外(后续会谈到可以利用插入迭代器来添加元素，但这并不是算法本身能够做到的)。

6.2 迭代器的分类

在标准库中，特定迭代器定义在相应容器的头文件中，此外还有一些预定义迭代器定义在头文件<iterator>中。不同的算法需要迭代器提供的语义操作不同，例如，equal 算法用于比较两个输入范围的对应元素是否相等，因此 equal 算法需要通过迭代器顺序访问元素，递增改变迭代器以及比较两个迭代器分别指向的元素值是否相等；而 sort 算法用于元素排序，因此 sort 算法需要迭代器具备随机访问和读/写元素的功能，这样才能实现快速有效的排序。按照迭代器的功能及其语义操作的差别，可将迭代器分为五类，分别是输入型、输出型、前向型、双向型以及随机访问型迭代器。容器迭代器的功能强弱，决定了容器是否支持特定的通用算法，因此每个算法都需要具体指明所需的迭代器类别。图 6-1 给出了按照功能划分的迭代器分类。

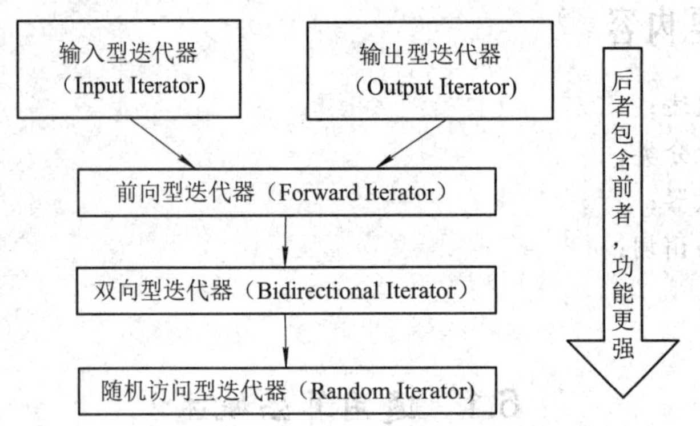

图 6-1　迭代器分类

如图 6-1 所示，按照抽象的语义描述，五类迭代器的功能逐一递增。高层类别的迭代器不仅支持低层迭代器的所有操作，还能提供更强的访问容器元素的能力。下面对不同语义类型的迭代器逐一进行阐述。

1. 输入型迭代器

输入型迭代器(Input Iterator)只能读取序列元素，不能写入；可用于顺序访问，只能递增，不能递减；只能实现单遍扫描。因此，输入型迭代器可以实现下列操作：

(1) 比较两个输入型迭代器是否相等(支持 == 和 != 运算符)。

(2) 迭代器递增运算(支持++运算符)。

(3) 支持解引用操作符*，用于读取元素，但解引用只能出现在赋值运算的右侧。

2. 输出型迭代器

输出型迭代器(Output Iterator)与输入型迭代器互为补充，只能写入不能读取元素；迭代器只能递增，不能递减；只能实现单遍扫描。输出型迭代器可以实现以下操作：

(1) 迭代器递增运算(支持 ++ 运算符)。

(2) 支持解引用操作符*，解引用操作符只能出现在赋值运算的左侧，用于写入值。

3. 前向型迭代器

前向型迭代器(Forward Iterator)综合了输入型和输出型迭代器的功能，可以读/写元素；但仍然只能沿着一个方向改变迭代器。由于保存了前向迭代器的状态，因此允许对序列进行多遍扫描。

4. 双向型迭代器

双向型迭代器(Bidirectional Iterator)支持前向型迭代器的所有操作，同时允许两个方向改变迭代器(支持--运算符)。list、set、multiset、map、multimap 容器均支持双向型迭代器。

5. 随机访问型迭代器

随机访问型迭代器(Random Iterator)支持双向型迭代器的所有操作。随机访问意味着可以在常量时间(访问不同位置元素所需的时间)访问序列中任意位置的元素，因此随机访问迭代器还支持下列操作：

(1) 迭代器位置关系比较(支持用 >、<、>= 和 <= 来比较两个迭代器之间的位置)。

(2) 支持增加或减少整数个元素位置(支持 +、+=、- 和 -= 运算符)。

(3) 允许计算两个迭代器之间的距离(使用减法 - 计算距离)。

(4) 支持通过下标运算符 iter[i]与 at 成员 iter.at(i)读/写第 i 个元素。

(5) vector、array、string 和 deque 均支持随机访问型迭代器。

在 C++ 标准库的算法声明中，明确指出了支持算法的迭代器类型，例如：

```
void sort (RandomAccessIterator first, RandomAccessIterator last, Compare comp);
void fill (ForwardIteratorfirst, ForwardIterator last, const T& val);
bool equal (InputIterator1 first1, InputIterator1 last1, InputIterator2 first2);
```

sort 算法本身需要进行大量不相邻元素之间的比较以及交换，因此算法要求随机访问迭代器；fill 算法用于序列填充，只需要在输入范围中逐一访问和写入元素值，因此要求前向型迭代器；equal 算法用于两个范围的元素比较，无需修改元素值，因此输入型迭代器即可满足算法要求。

6.3 预定义迭代器

标准库在头文件<iterator>中定义了几种迭代器。不同于各个标准容器中定义的迭代器，这些预定义迭代器在操作方式上有着明显的差别，与泛型算法结合在一起可以实现更多复杂的操作。预定义迭代器包括插入迭代器(Insert Iterator)、流迭代器(Stream Iterator)、反向迭代器(Reverse Iterator)和移动迭代器(Move Iterator)。下面分别加以讲述。

6.3.1 插入迭代器

非可变序列算法 copy 本身无法对容器进行元素插入及改变容器大小的操作，但是借助于插入迭代器则可以做到这一点。插入迭代器有三种，分别是 front_insert_iterator、back_insert_iterator 和 insert_iterator。

三者的区别在于插入的位置不一样。从名称上可以看出，front_insert_iterator 可以实现在容器的开头插入元素，此时相当于调用容器的 push_front()成员。在标准容器中，只有 list 和 deque 容器有 push_front()成员函数，支持 front_insert_iterator。例如：

```
std::deque<int> dq1, dq2;                              //deque 容器支持 push_front()
for (int i=1; i<=3; i++)
{ dq1.push_back(i); dq2.push_back(i*10); }             //初始化 dq1{1, 2, 3}和 dq2{10, 20, 30}
std::front_insert_iterator< std::deque<int>> front_it (dq1);
    //front_it 为定义的 front_insert_iterator，对应的容器是 dq1
std::copy (dq2.begin(), dq2.end(), front_it);
    //通用算法 copy 将 dq2 容器内的元素拷贝到 front_it 对应的容器 dq1 的开始位置
```

最终 dq1 中的元素为 30、20、10、1、2、3。

需要注意的是，copy 将 dq2 中的元素逐个拷贝到 dq1 中。由于使用了 front_insert_iterator，相当于逐个调用 push_front()成员，首先在 dq1 容器头部(元素 1 的前面)插入 10，接着在新的容器头部(10 的前面)插入 20，最后在 20 的前面插入 30，得到最终的结果。因此在使用 front_insert_iterator 生成的迭代器时要注意，其插入元素的序列会颠倒，而 back_insert_iterator 和 insert_iterator 生成的迭代器则不会。

类似地，back_insert_iterator 在容器的末尾插入元素，相当于调用容器的 push_back()成员。vector、deque、list、string 都支持 back_insert_iterator。例如：

```
std::vector<int>v1, v2;
for (int i=1; i<=3; i++)
{ v1.push_back(i); v2.push_back(i*10); }               // v1{1, 2, 3}, v2{10, 20, 30}
std::copy (v2.begin(), v2.end(),back_inserter(v1));
//将 v2 的元素插入到 v1 之后，通过调用容器 vector 的 push_back()成员函数实现
```

最终 v1 中的元素为 1、2、3、10、20、30。

小贴士：

back_insert_iterator 的成员函数有：

```
back_insert_iterator<Container>& operator = (typename Container::const_reference value)
    { container->push_back(value); return *this; }
back_insert_iterator<Container>& operator* ()
    { return *this; }
back_insert_iterator<Container>& operator++ ()
    { return *this; }
back_insert_iterator<Container> operator++ (int)
    { return *this; }
```

从中可以看出，back_insert_iterator 迭代器所支持的=赋值操作其实就是通过调用 container 的 push_back 成员函数来实现插入 value 值的，而迭代器的解引用*，自增++操作虽然作了定义，但其函数体内什么都不会操作，只是返回 it。

insert_iterator 用于创建一个使用 insert 的迭代器。该函数需要提供第二个参数，一个

指向容器中特定插入位置的迭代器，函数的功能是在给定的迭代器之前插入元素：

```
std::list<int> L1, L2;
 for (int i=1; i<=3; i++)
{ L1.push_back(i); L2.push_back(i*10); }
std::list<int>::iterator it = L1.begin();
advance(it,2);                    //迭代器移动函数，等价于 it=it+2
std::insert_iterator< std::list<int>> insert_it (L1, it);
//第一个参数对应容器，第二个参数 it 表示插入位置
std::copy (L2.begin(), L2.end(), insert_it);
//将 L2 的所有元素依次插入到 it 迭代器所表示的元素之前，L2 中的元素序列不会颠倒
```

最终 L1 中的元素为：1、2、10、20、30、3。

同样是在迭代器之前插入元素，为何 insert_iterator 迭代器插入元素不会像 front_insert_iterator 迭代器一样导致元素序列颠倒呢？原因是在 insert_iterator 中，每次调用 insert()成员插入 value 之后，会执行++iter 让 iter 重新指向其原来所指向的元素位置。

insert_iterator 的重载操作符为：

```
insert_iterator<Container>&operator= (typename Container::const_reference value)
{ iter=container->insert(iter,value); ++iter; return *this; }
```

6.3.2　流迭代器

标准库定义了 istream_iterator 和 ostream_iterator 两个迭代器，其中 istream_iterator 用于读取输入流，ostream_iterator 用于向一个输出流写入数据。这些迭代器将输入/输出流当作一个特定的元素序列进行处理，配合上通用算法，可以实现对输入/输出流的相关操作。

1. istream_iterator 的用法

当创建一个 istream_iterator 时，可以将其绑定到一个输入流(cin)中，也可以默认初始化，此时相当于创建了一个当作尾后值使用的迭代器。由于是一个输入流迭代器，因此在迭代器上执行的++运算就相当于从流中取出一个新的元素的>>运算。例如：

```
double v1, v2;
std::cout <<"请输入 2 个值";
std::istream_iterator<double> eos;              //默认初始化，eos 当作尾后值使用
std::istream_iterator<double> iit (std::cin);   //绑定到标准输入流 cin 的输入流迭代器 iit
if (iit!=eos) v1=*iit;                          //当有数据可供读取时
++iit;                                          //从输入流中读取下一个值
if (iit!=eos) v2=*iit;
std::cout << value1 <<"+"<< value2 <<"="<< (v1+v2) << '\n';      //输出 v1 与 v2 之和
```

若程序输入 2、4，则此段代码输出 2+4=6。

2. ostream_iterator 的用法

当创建一个 ostream_iterator 时，必须将其绑定到一个输出流中，不允许像 istream_iterator

一样初始化一个默认的、表示尾后值的 ostream_iterator。此外，还可以提供一个 C 语言风格的字符串作为可选的第二参数，每次输出一个元素后都会自动打印这个字符串，通常可以用来作为分隔符使用。例如：

```
std::vector<int>v1;
for (int i=1; i<5; ++i) v1.push_back(i);
std::ostream_iterator<int> out_it (std::cout, ", ");
//第二个参数“,”会在每次输出元素后输出这个逗号，作为分隔符
std::copy ( v1.begin(), v1.end(), out_it );
```

程序输出为 1，2，3，4，5。

6.3.3　反向迭代器

反向迭代器就是将容器的首尾之间颠倒看待，将容器的尾元素看作首元素，首元素看作尾元素，同时迭代器的移动方向也相反，++it 表示向前一个元素移动，--it 表示向后一个元素移动。基本上所有的容器都支持反向迭代器，除了 forward_list 之外。可以通过容器的 rbegin 和 rend 来获得反向迭代器。

反向迭代器有许多用处，例如可以用于容器元素的反序输出：

```
vector<int> v1={1, 3, 5, 7, 9};
for(auto it=v1.rbegin(); it!=v1.rend(); it++)        //反向迭代器，rbegin 返回指向尾元素的迭代器，rend
                                                     返回指向首元素之前的迭代器。it++实际是在递减，
                                                     向前移动迭代器
    cout<<*it<<endl;
```

输出结果为 9，7，5，3，1。

将反向迭代器与通用算法结合在一起使用，还可以取得许多特殊效果。例如 find 算法是从前往后查找符合搜索条件的第一个元素，若要查找符合搜索条件的最后一个元素则无法做到。但是采用反向迭代器，则 find 算法从后向前查找符合搜索条件的第一个元素，实际上就是最后一个符合条件的元素。同理，sort 算法用于排序，若要将容器内的元素逆序排列，则只需要将 sort 的迭代器参数改成反向迭代器即可得到所需结果。

6.3.4　移动迭代器

移动迭代器是一种需要谨慎对待的迭代器适配器，它通过改变迭代器的解引用运算来适配此迭代器。普通迭代器的解引用运算符返回指向元素的左值，而移动迭代器则不同，它将返回一个右值引用。通常使用标准库函数 make_move_iterator 可以将一个普通迭代器转换成一个移动迭代器。由于移动迭代器是底层迭代器的适配器，因此它支持底层迭代器的正常操作。若将移动迭代器作为参数传递给通用算法，则会改变算法的操作模式，将元素从源对象的输入范围中取出时生成一个右值引用而非正常的左值引用，这将使得源对象的值变得不确定，就像被移动(move)了。因此对于移动迭代器的使用要非常谨慎，只有当必须使用移动操作且移动操作是安全的时候才可以使用。例如：

```
std::vector<std::string>str (3);
std::vector<std::string>str1{"one", "two", "three"};
std::copy ( make_move_iterator (str1.begin()),
            make_move_iterator(str1.end()),   str.begin() );
//调用 make_move_iterator 将 str1.begin()和 str1.end()返回的迭代器变成移动迭代器
//str1 的值变得未知，不确定，需要清除
str1.clear();        //清除 str1
```

上述程序将str1中的三个字符串“移动”到str中并清除str1，str的内容为{“one”，“two”，“three”}。

迭代器失效

迭代器失效是指迭代器所指向的元素不存在或者发生了移动。此时如果不更新迭代器，则该迭代器将无法使用。导致迭代器失效的原因有很多，例如容器内存状态的改变或者对容器的某些操作导致容器元素移动。

☆导致 vector 容器迭代器失效的操作主要有：

(1) 插入元素(push_back，insert)：插入元素后会改变容器的 size，从而导致整个 vector 重新载入新分配的内存区域。

(2) 删除操作(erase，pop_back，clear)：完成删除操作后，对应被删除元素及其之后元素的迭代器失效。

(3) resize 操作：分为两种情况，若 resize 之后容器的 capacity 大于之前的 capacity，则整个容器的迭代器全部失效(容器重新载入)；若 resize 之后容器的 capacity 小于之前的 capacity，此时不会重新载入整个容器，但被切掉的元素相对应的迭代器失效。

☆导致 deque 容器迭代器失效的主要操作有：

(1) 插入元素(push_front，push_back，insert)：不论是在 deque 的头尾还是内部插入元素都会导致容器内全部迭代器失效。但是只有在内部插入元素时才会使指针和引用也同时失效，在首尾插入元素时指针和引用仍然有效。

(2) 删除元素(pop_front，pop_back，erase)：在 deque 首尾删除元素仅使指向首尾的迭代器失效，而在其他位置删除元素则会导致容器内全部的迭代器失效。

☆导致 list/set/map 容器迭代器失效的主要操作有：

没有针对的操作！因为 list/set/map 容器内的元素内部是通过指针建立的连接关系，list 是双向链表，set 和 map 是红黑树。因此在执行插入或删除操作时，只需要改变元素之间的指针指向即可，无需移动元素位置，不会导致迭代器失效。当然，删除操作会导致指向被删除元素的迭代器失效，但对容器内的其他迭代器没有影响。

6.4 算法形参与谓词

C++ STL 提供了一百多个通用算法，要记住这些算法的功能以及每个算法的调用形式是很困难的。但是幸运的是，这些算法都有一些类似的参数结构、相同的命名方法以及对

迭代器的要求。

1. 算法的形参模式

算法的形参模式主要有 algName(first, last, other args)、algName(first, last, result, other args)、algName(first, last, first2, other args)和 algName(first, last, first2, last2, other args)四种。

其中，algName 表示算法名，first 和 last 表示算法所操作的元素输入范围[first last)。注意这是一个前闭后开的区间，last 所对应的元素并不在这个范围之内，几乎所有算法都包含这一部分。接下来的参数则依据不同的情况加以区分，其中 result 参数表示算法可以写入的目的位置。如果 result 是指向某个容器的迭代器，则算法会将输出结果写入到以 result 开始的目标空间。在此，算法都事先假定目标空间足够容纳要写入的数据，尤其是当 result 是一个插入迭代器时，算法会向目标空间插入若干新的元素。first2 参数则表示算法第二个输入范围[first2, last2)的起始位置。若只有 first2 没有 last2，则算法会按照 first 和 last 参数所确定的范围去自动计算和匹配一个相同大小的输入范围。other args 表示算法所需要的其他参数，不同的算法对这些参数有着不同的要求，一个常用的做法是通过 other args 向算法传递一个谓词(predicate)，用自定义的比较运算替换算法默认的运算。

2. 谓词

谓词(predicate)可以是一个返回值，是 bool 类型的普通函数或者重载了 operator()的函数对象(仿函数)。标准库算法中用到的谓词要么是一元谓词(Unary Predicate)，接受一个参数；要么是二元谓词(Binary Predicate)，接受两个参数。

算法中若包含谓词参数，则按照谓词所需要的参数个数向谓词传递输入序列中的元素，谓词返回的 bool 值作为比较的结果。例如在 sort 算法中默认使用元素类型的<运算符进行元素比较，可以定义一个二元谓词替代<运算符实现自定义的比较。下面分别介绍两种构造谓词的方法：

1) 返回值是 bool 类型的普通函数作谓词

一元谓词 greater10：

```
bool greater10(int value)
{return value>10;}
```

函数 greater10 接受一个 int 类型的参数，若参数值大于 10 则返回 true，否则返回 false。

二元谓词 twice：

```
bool twice(int elem1, int elem2)
{return (elem*2==elem2);}
```

函数 twice 接受两个来自输入序列的 int 型参数 elem1 和 elem2，比较并判断 elem2 是否是 elem1 的值的两倍，返回 bool 类型值。

2) 函数对象(仿函数)作为谓词

函数对象是一个重载了函数运算符 operator()的类，该类的对象可以像函数一样进行调用，例如：

```
template <class T>
class Mult                              //乘法类模板
{
```

```
        T Factor;                        //权重
    public:
        Mult(T val=1):Factor(Val){ }     //构造：初始化列表
        void operator( )(T &elem) const  //重载( )，包含一个参数
        {elem*=Factor;}                  //修改容器的元素值=元素值*Factor
    };
```

上面的程序自定义了一个乘法类，并重载了其 operator()。由于包含一个参数，因此该类的对象就可以作为一元函数对象与算法结合使用。

此外，在头文件<functional>中还定义了大量的函数对象可供调用，例如其中的 less_equal 函数的原型如下：

```
    template <class T>
    struct less_equal:binary_function<T,T,bool> {
    bool operator() (const T& x, const T& y) const {return x<=y;} };
```

less_equal 函数对象重载了 operator()，是二元谓词。若第一个参数 x 小于等于第二个参数 y，则返回真，否则返回假。当然，在使用 less_equal 模板类对象作为二元谓词的算法中，其操作的元素序列的类型必须能够支持运算符<=进行元素比较。

3. 算法的命名模式

算法有一套命名的规范。通常情况下，可以根据算法的名称去推断算法的主要功能。此外，有许多算法名称非常相似，例如 count 与 count_if、remove 与 remove_copy，这些函数名称之间相差一个 if 或者 copy，这些词语究竟代表什么意思呢？

1) 加_if 的算法

如果一个算法名后加上了_if，则表明这个算法相较于原始版本多了一个谓词参数，这个谓词参数将会替换原始版本中用于元素比较的运算符。例如：

```
    count (InputIterator first,InputIterator last, const T& val);
    count_if (InputIterator first, InputIterator last, UnaryPredicate pred);
```

count 与 count_if 都是在输入范围[first, last)内去计数，区别在于 count 是统计输入范围内元素值等于参数 val 的值的个数；而 count_if 则用谓词 pred 替代了元素值比较符==，返回满足谓词条件、使 pred 为真的元素个数。

2) 加_copy 的算法

copy 代表元素拷贝，算法名后加上_copy 的版本与原始版本的区别就在于是否将算法输出拷贝到 result 所表示的新位置。例如，原始版本的 remove 算法是将输入范围[first,last)内所有与 val 值相等的元素加以“移除”(并没有删除元素，只是将这些元素移动到了输入范围[first,last)的末端)，而加上了 copy 的 remove_copy 算法则是将“移除”后的元素拷贝到了 result 所指向的新的位置，原始数据不变。例如：

```
    ForwardIterator remove (ForwardIterator first, ForwardIterator last, const T& val);
    OutputIterator remove_copy (InputIterator first, InputIterator last,
                                OutputIterator result, const T& val);
```

3) 加_n的算法

_n表示在算法参数中包含一个Size型(通常为无符号整型)的参数n。这个数字n与算法的其余部分组合形成新的表达，从而替代算法原始参数表达，算法其余功能不变。例如search算法和search_n算法的定义分别如下所示：

search算法：

```
template <class ForwardIterator1, class ForwardIterator2>
ForwardIterator1 search (ForwardIterator1 first1, ForwardIterator1 last1,
                         ForwardIterator2 first2, ForwardIterator2 last2);
```

search_n算法：

```
template <class ForwardIterator, class Size, class T>
ForwardIterator search_n (ForwardIterator first, ForwardIterator last, Size count, const T& val);
```

这两个算法名称上相差一个_n。可见在 search_n 算法中用于表示查找内容的不再是search中用[first2, last2)所表示的范围，而是由n个给定值val所形成的新的查找内容。类似的算法还包括copy与copy_n、fill与fill_n等，此外不再赘述。

6.5　通用算法分类

根据通用算法的功能以及是否修改容器中元素或者改变容器中元素的排列顺序，可将算法进行如下分类：

1. 非可变序列算法

非可变序列算法不会修改容器中元素的值或者排列顺序，只会读取其输入范围的元素。这样的算法有很多，如for_each、线性查找、子序列匹配、元素个数、元素比较、最大值与最小值等都属于非可变序列算法。本书将在第七章对非可变序列算法进行介绍。

2. 可变序列算法

可变序列算法会修改容器元素的值或者重排元素的顺序，因此又可以将可变序列算法进一步分成下述两种：

1) 写容器元素的算法

写容器元素的算法会给容器元素赋新值。由于算法本身是不能改变容器大小的，因此要特别注意在写入元素的时候，要确保容器原始大小必须大于等于待写入元素的数目。这样的算法主要有复制、填充、交换、变换、替换、生成、删除、反转。

2) 重排容器元素的算法

重排容器元素的算法会重新排列容器元素的顺序，使新的顺序具备某些特性。例如排序算法可以将元素有序排列，唯一算法可以将相邻的重复元素重排到序列后部以达到“去掉”重复项的目的。此类算法还包括环移、分区、搬移、随机重排。

本书第八章将对可变序列算法进行介绍。

3. 排序相关算法

跟排序相关的算法是可变序列算法中的一部分，本书将在第九章单独就排序及在有序集上的操作算法进行介绍。此类算法主要包括排序、折半查找、归并排序、有序集操作、堆排序。

4. 数值算法

跟数值计算有关的算法主要包括复数运算、向量运算、通用数值计算(求和、内积、部分和、序列相邻差)，本书将在第十章对数值算法进行介绍。

本 章 小 结

本章从总体上对 STL 通用算法及其分类、迭代器的功能及其语义分类进行了介绍，是后续章节(七至十章)内容的总括。每个容器都有专属迭代器，迭代器作为算法访问容器元素的桥梁，其行为类似指针，是一种 Smart Pointer。算法通过操作容器对应的迭代器来间接操作容器中的元素，而不必关注容器内部的实现细节，这样就达到了“通用”的目的，因此称为泛型算法。按照迭代器的语义功能，可将迭代器分成 Input Iterator、Output Iterator、Forward Iterator、Bidirection Iterator 与 Random Iterator 五种，其功能逐一增强。标准容器 vector 与 deque 的专属迭代器支持功能最强的随机访问迭代器 Random Access Iterator，而 list、set 以及 map 的专属迭代器支持双向读/写迭代器 Bidirection Iterator，unordered_set 的专属迭代器仅支持前向读写型迭代器 Forward Iterator，所有的容器适配器均不支持迭代器访问内部元素。本章还按照通用算法的功能及其对容器元素的改变方式进行了算法分类，后续章节会在此分类基础上对非可变序列算法、可变序列算法、排序相关算法以及数值算法进行介绍。容器、迭代器、算法是 STL 的三大组件，彼此之间紧密联系，是标准模板库最重要的组成部分。

课 后 习 题

一、概念理解题

1. STL 的三大件分别是什么？彼此之间有什么联系？
2. 简述 C++ 指针与 STL 迭代器之间的关系与异同。
3. 什么是函数对象？如何定义函数对象？它通常用在什么地方？
4. 按照语义功能将 STL 中的迭代器分为哪五类？各类在功能上有哪些主要差别？
5. STL 的标准容器 vector、list 和 deque 中所定义的迭代器分别属于哪几类迭代器？在访问容器元素和调用通用算法时应该注意哪些问题？
6. 有 C++ 语句如下，其中编译器提示错误的原因是什么？应该如何修改？

```
list<int> L1(10,1);
list<int>::iterator itr=L1.begin()+5;
```

7. 如何理解“迭代器是容器和算法联系的桥梁”这句话？
8. 迭代器失效的根本原因是什么？哪些操作会导致“迭代器失效”？
9. 若 a、b 分别为同一容器对象的两个迭代器，能否通过表达式 b-a 来计算区间[a,b)

之间的元素个数？如果能，这样的迭代器有何要求？如果不能，是否有其他的方法来计算 a 到 b 的元素个数？

二、上机练习题

1. 理解本章所有例题并上机练习，回答提出的问题并说明理由。

2. 下列语句的功能是什么？请先理解程序并写出运行结果，然后上机验证。

```
istream_iterator<string> in_it(cin),eof;
ostream_iterator<string> out_it(cout,"");
while(in_it!=eof)
{
    *out_it=*in_it;
    ++out_it;
    ++in_it;
}
```

3. 理解下列程序，写出运行结果并上机验证。

```
#include <iostream>          // cout
#include <iterator>          // back_inserter
#include <vector>            // vector
#include <algorithm>         // copy
using namespace std;
int main () {
  vector<int> v1,v2;
  for (int i=1; i<=5; i++)
  { v1.push_back(i); v2.push_back(i*10); }
  copy (v2.begin(), v2.end(), back_inserter(v1));
  cout <<"v1 contains:";
  for ( vector<int>::iterator it = v1.begin(); it!= v1.end(); ++it )
      cout << ' ' << *it;
  cout << '\n';
  return 0;
}
```

4. 将第 3 题中黑色加粗部分代码替换为 front_inserter(v1)后，程序编译时会报错？为什么？

5. 请阅读并理解下列程序，其中 fun 函数的功能是什么？如果把 fun 函数归类到通用算法中，它属于哪一类通用算法？fun 函数中的迭代器 first 和 last 都是 Input Iterator 型，意味着该函数适合哪些容器？为什么？

```
template<class Input Iterator, class T>
  InputIteratorfun (InputIterator first, InputIterator last, const T& val)
{
    while (first!=last) {
      if (*first==val) return first;
        ++first;
    }
    return last;
}
```

6. 在 STL 的<iterator>头文件中定义的类模板 iterator 是所有迭代器的基类，其中主要定义了一些成员类型，包括迭代器的类别标识，如表 6.1 所示。

表 6.1　成员类型的迭代器

迭代器标识	迭代器类别
Input_iterator_tag	Input Iterator
Output_iterator_tag	Output Iterator
forward_iterator_tag	Forward Iterator
bidirectional_iterator_tag	Bidirectional Iterator
random_access_iterator_tag	Random-access Iterator

通过继承 iterator 类模板并实现相应的成员函数功能就可以建立自己的迭代器。下面的程序代码定义了 MyIter 作为一个 InputIterator 使用，程序最终的输出结果是什么？若要将 MyIter 定义为一个 BidirectionalIterator，并实现数组的反序输出，应该怎么改写程序？

```
#include <iostream>
#include <iterator>                              // std::iterator, std::input_iterator_tag
using namespace std;
class MyIter : public iterator<input_iterator_tag, int>        // MyIter  是一个 Input Iterator
{
    int* p;
public:                                          //定义成员函数实现各迭代器的功能
    MyIter(int* x) :p(x) {}
    MyIter(const MyIter& mit) : p(mit.p) {}
    MyIter& operator++() {++p;return *this;}
    MyIter operator++(int) {MyIter tmp(*this); operator++(); return tmp;}
    bool operator==(const MyIter& rhs) const {return p==rhs.p;}
    bool operator!=(const MyIter& rhs) const {return p!=rhs.p;}
```

```
        int& operator*() {return *p;}
    };
    int main ()
    {
        int numbers[]={1, 2, 3, 4, 5, 6, 7};
        MyIter begin(numbers);
        MyIter end(numbers+7);
        for (MyIter it=begin; it!=end; it++)
            cout << *it << ' ';
        cout << '\n';
        return 0;
    }
```

第七章　C++STL 非可变序列算法

C++ 标准库的非可变序列算法也称非变易算法，是一组只读取容器元素、不改变容器元素值与排列顺序的函数模板。算法一般都采用 Input Iterator 型或 Forward Iterator 型迭代器，逐个读取元素，然后进行处理、查找、搜索、统计和比较。非可变序列算法的灵活性很高，通用性很强，基本适用于所有的容器。

本章主要内容

- 非可变序列算法概述；
- 循环算法；
- 查询算法；
- 计数算法；
- 比较算法。

7.1　非可变序列算法概述

非可变序列算法是 C++标准库中非常重要的一类算法，根据算法功能可将其分成四类：遍历访问容器元素并执行统一操作的 for_each 算法；查询容器中满足特定条件的元素并返回其位置的 find 算法、search 算法及其变体；统计特定值出现次数的计数算法 count；以及通过元素比较，返回元素之间关系的 equal、max/min 算法。

有些算法是在算法名称后加上 _if、_copy 等形成的算法变体，这些算法变体的功能与基本算法相同，只是具备了一些新的特性，以达到对算法进行定制和修改的目的。其中加 _if 的算法变体允许通过指定函数对象作为参数来改变算法的默认操作；加_copy 的算法变体则将算法运算结果拷贝到新的目标区域，而不是直接覆盖到原始区域。

本章主要介绍的非可变序列算法如表 7.1 所示。

表 7.1　非可变序列算法

算法功能	算法名称	说　　明
循环	for_each()	对每一个元素执行同一指定操作，返回函数对象
查询	find()	返回元素值 = 指定值的第一次出现的位置
	find_if()	返回元素值符合谓词(函数对象)第一次出现的位置(迭代器)
	find_first_of()	返回元素值 = 指定值之一第一次出现的位置

续表

算法功能	算法名称	说　明
查询	adjacent_find()	返回相邻元素值相等第一次出现的位置
	find_end()	返回指定子序列(匹配)最后一次出现的位置
	search()	返回指定子序列(匹配)第一次出现的位置
	search_n()	返回元素值=指定值、连续 n 次匹配的第一次位置
计数	count()	返回元素值=指定值的元素个数
	count_if()	返回元素值符合谓词的元素个数
比较	equal()	返回 true:两个序列的对应元素都相等
	mismatch()	返回两个序列不同的第一个元素位置
	lexicographical_compare	按照字典序比较两个序列的对应因素。若前者小于后者，返回 true
	min_elementl()	返回最小值元素的位置
	max_elementl()	返回最大值元素的位置
	min	返回 a 和 b 两个对象中较小的对象
	max	返回 a 和 b 两个对象中较大的对象

7.2　循环算法

循环算法 for_each()用于将输入范围[first,last)中的每一个元素逐一取出并传递给特定的操作函数进行运算处理，最后返回函数。for_each()的函数声明如下：

```
template <classInput Iterator, class Function>
Function for_each (InputIterator first, InputIterator last, Function fn);
```

从函数声明中可以看到，for_each()所要求的迭代器是输入型迭代器，输入型迭代器可以单向读取容器元素，算法将读取到的元素作为实参传递给函数 fn(fn 既可以是普通函数，也可以是函数对象)；在函数 fn 中定义了如何对元素进行操作，最后返回函数 fn。下面通过例程 7-1 来演示 for_each 算法的基本使用方法。

例程 7-1　for_each 普通函数的调用

```
#include<string>
#include<vector>
#include<algorithm>
using namespace std;
//本例用普通函数 ShowCube 调用 for_each 算法
void ShowCube(int& n)                        // int：容器中元素的类型
{
    cout<<(n=n*n*n)<<"";                     //请修改：不改变容器中元素值
}
```

```
void Show(string name, vector<int>& v)
{                                               //显示容器中各元素值
    cout<<name;
    for(int i=0;   i<v.size(); i++)   cout<<v[i]<<"";
    cout<<endl;
}
int main()
{   vector<int> vt(5);
    for(int i=0; i<5;   i++)
    vt[i]=i+1;                                  //容器元素：12345
    vector<int>::iterator itB=vt.begin();
    vector<int>::iterator itE=vt.end();
    Show("容器中:",vt);
    cout<<"三次方:";
    for_each(itB, itE-2, ShowCube);             //ShowCube 函数名
                                                //ShowCube 操作的元素范围 [itB, itE)
    Show("\n 容器中:",vt);
    return 0;
}
```

程序输出结果：

```
C:\C++ STL\示例程序代码\chapter07\7-1 for_each ...
容器中:1 2 3 4 5
三次方:1 8 27
容器中:1 8 27 4 5
```

需要特别注意的是，由于 for_each()对应的迭代器是输入型迭代器，理论上是不能向容器写入元素值的，但例程 7-1 在函数 ShowCube()的定义时，其形参是引用类型(passed by reference)，它将绑定到对应的实参上。函数 ShowCube()对形参 n 的改变将最终导致容器中的元素值也发生改变(1 2 3 变成了 1 8 2 7)。当然，若去掉形参 n 前面的&符号，则实参的值将会拷贝给形参(passed by value)，此时的形参和实参是两个相互独立的对象，对形参的改变不会影响到实参。读者可以尝试一下将例程 7-1 中 ShowCube 函数的参数传递改成值传递的形式，再观察容器内的元素是否会发生变化。

例程 7-2 演示了如何在 for_each 算法中运用函数对象进行调用的方法。

例程 7-2　for_each()函数的对象调用

```
#include<iostream>
#include<string>
#include<vector>
#include<algorithm>
```

```
using namespace std;
//本例用函数对象调用 for_each 算法
template<class T>
void display(string name, T& container)          //输出容器 container 内的所有元素
{
   cout<<name;
   typename T::iterator it;
   for(it=container.begin();   it!=container.end();   it++ )
         cout<<*it<<"";
   cout<<endl;
}
template <class T>
class Mult                                        //乘法类模板：创建函数对象
{
      T Factor;                                   //权值
public:
      Mult(T Val=1): Factor(Val) { }              //构造：初始化列表
      void operator ( )(T& elem) const            //( )重载
      { elem *= Factor; }                         //结合 T&：修改了容器的元素
      void SetVal(T Val) { Factor=Val; }
};
template <class T>
class A                                           //类模板：创建函数对象
{
    T sum;                                        //元素和
public:
    A(T x=0) { sum=x; }                           //未用初始化列表
    void operator () (T elem)
    {   sum += elem;     }
    T Getsum() { return sum; }
};
int main( )
{
    vector<int> vt;
    for(int i=-3 ; i<=1;   i++)   vt.push_back(i);
    display("vt:", vt);
    //Mult<int> fun(2);                                        //创建函数对象 fun
    //for_each(vt.begin(), vt.end(), fun);                     //使用 fun
    for_each(vt.begin(), vt.end(), Mult<int>(2));              //创建无名对象
```

```
        display("vt:",vt);
        Mult<int> m;   m.SetVal(-1);
        for_each(vt.begin(), vt.end(), m);
        display("vt:",vt);
        A<int> a1, a2;
        a2=for_each(vt.begin(), vt.end(), a1);                //对象为参数，每次初始化 a1
        //A<int> a1=for_each(vt.begin(), vt.end(), A<int>());  //无名对象
        cout<<"个数:"<<vt.size()<<endl;
        cout<<"a2 元素和:"<<a2.Getsum()<<endl;
        cout<<"a1 元素和:"<<a1.Getsum()<<endl;
        return 0;
    }
```

程序输出：

```
C:\C++ STL\示例程序代码\chapter07\7-2 for_each ...
vt:-3 -2 -1 0 1
vt:-6 -4 -2 0 2
vt:6 4 2 0 -2
个数:5
a2元素和:10
a1元素和:0
```

相对于例程 7-1 采用普通函数作为算法 for_each()中的第三个参数，例程 7-2 定义了一个乘法类模板 Mult。为了使得 Mult 的对象可以作为函数对象使用，需要重载函数运算符 operator()，将元素 elem 与权值 Factor 相乘，并将结果赋值给 elem。此外，Mult 中还定义了构造函数以及 setVal 成员函数，用以初始化和改变权重的值。类似地，类 A 则是一个累加和类模板，重载的操作符 operator()中将 elem 与 sum 累加后的结果赋值给 sum，通过 Getsum()成员函数获得 sum 值。

由于 Mult 和 A 都是类模板，因此在 main 函数中，需要先定义其对象，再将这个函数对象作为算法 for_each()中的第三个参数。对象名可以指定，例如 Mult<int> m 定义了名为 m 的对象；也可以不指定对象名，此时得到一个无名对象，例如 Mult<int>(2)定义了一个无名对象，括号中的 2 用于初始化该对象的权值。

7.3 查询算法

查询算法主要包括 find 算法和 search 算法以及定义在二者基础上的一些变体算法。

1. find 算法

find 算法的声明如下：

```
template <class InputIterator, class T>
InputIterator find (InputIterator first, InputIterator last, const T& val);
```

find 算法用于在迭代器定义的前闭后开区间[first,last)所形成的搜索范围中找到第一个与 val 值“相等”的元素，并返回元素位置；若没有找到，则返回 last。

下面通过例程 7-3 对 find 算法加以说明。

例程 7-3　find 算法示例

```
#include<iostream>
#include<list>
#include<algorithm>
using namespace std;
int main()
{
    list<int> L;
    L.push_back( 20 );
    L.push_back( 10 );
    L.push_back( 30 );
    L.push_back( 10 );
    cout<<"L: ";
    list<int>::iterator it=L.begin();
    for( ; it != L.end();    it++)
        cout<<*it<<"" ;
    cout<<endl;
    it = find( L.begin(), L.end(), 10);
    if (it==L.end())
        { cout<<"没找到"<<endl;     return 0 ; }
    cout<<"10 在 L 中，后一个:"<<*(++it)<<endl;
    return 0;
}
```

程序输出：

```
C:\C++ STL\示例程序代码\chapter07\7-3 find 算法....
L: 20 10 30 10
10在L中，后一个:30
```

例程 7-3 调用 find 在 list 中查找值等于 10 的元素：it = find(L.begin(), L.end(), 10)。list 中有两个 10，find 算法返回指向第一个 10 的迭代器；若没有找到目标 10，则程序输出“没找到”。

2. find_if 与 find_if_not 算法

正如在本章开头所提到的，算法名称中的_if 表示该 find_if 算法相比于 find 多了一个谓词参数，这个谓词参数将会替换 find 算法中用于比较元素值和 val 值的==运算符，从而提供定制化的“比较”方法，查找满足特定条件的元素。

下面通过例程 7-4 说明 find_if 算法的用法。

例程 7-4　find_if 算法示例

```
#include <list>
#include <algorithm>
#include <iostream>
using namespace std;
bool greater10(int value)              //一元谓词：返回 bool
{   return value>10; }                 //参数类型：同 list<int>
int main( )
{
    list<int> L;
    L.push_back( 15 );
    L.push_back( 10 );
    L.push_back( 5 );
    cout<<"容器 L:" ;
    list <int>::iterator it;
    for(it=L.begin();   it !=L.end();   it++)
        cout<< *it <<"";
    cout<<endl;
    it = find_if(L.begin(), L.end(), greater10);          // >10
    if( it==L.end() )
       { cout<<"L 中没有>10 的元素."<< endl;   return -1;   }
    cout<<"第一个>10 的元素:"<<*it<<endl;
    it = find_if_not(L.begin(), L.end(), greater10);      //<=10
    if( it==L.end() )
       { cout<<"L 中没有≤10 的元素."<< endl;   return -1;   }
    cout<<"第一个≤10 的元素:"<<*it<<endl;
    return 0;
}
```

程序输出：

```
C:\C++ STL\示例程序代码\chapter07\7-4 find_if 算...
容器L:15 10 5
第一个>10的元素:15
第一个≤10的元素:10
------------------------------
```

例程 7-4 程中首先自定义了一个普通函数 greater10，函数参数个数为一，且返回值是 bool 类型，因此可以将 greater10 作为一元谓词来使用。算法 find_if 的第三个参数不再是一个待查值，而替换成了一元谓词 greater10，所以查找条件变成了“元素值>10”，容器中满足该条件的第一个元素是 15。算法 find_if_not 与 find_if 相比又多了一个_not，它表示将

find_if 的返回值求反，因此 find_if_not(L.begin(), L.end(), greater10) 将返回满足条件“元素值<=10”的第一个元素 10。

3. find_first_of 算法

find_first_of 的声明如下：

```
template <class Forward Iterator1, class ForwardIterator2>
ForwardIterator1 find_first_of (ForwardIterator1 first1, ForwardIterator1 last1,
                                ForwardIterator2 first2, ForwardIterator2 last2);
```

find_first_of 的参数由四个迭代器构成，[first1,last1)构成搜索范围，[first2,last2)构成匹配范围，这两个范围的大小一般不同，算法的功能是在搜索范围中查找第一个出现在匹配范围中的元素。find_first_of 还有一个重载形式：

```
template <class ForwardIterator1, class ForwardIterator2, class BinaryPredicate>
ForwardIterator1 find_first_of (ForwardIterator1 first1, ForwardIterator1 last1,
                    ForwardIterator2 first2, ForwardIterator2 last2, BinaryPredicate pred);
```

这种形式增加了第五个参数，是一个二元谓词(Binary Predicate)，算法将用这个二元谓词去替代元素比较的默认操作符==，从而达到定制匹配方式的目的。二元谓词的两个参数分别来自于搜索范围和匹配访问中的元素，利用 pred 所制定的比较规则进行比较，若返回值为真，则认为匹配成功，返回指向搜索范围中对应匹配元素的迭代器。例程 7-5 通过二元谓词 twice 所定义的比较规则进行查找匹配。

例程 7-5　find_first_of 算法示例

```
#include <string>
#include <iostream>
#include <vector>
#include <list>
#include <algorithm>
using namespace std;
template<class T>
void display(string name, T& container)
{
  cout<<name;
  typename T::iterator it;
  for(it=container.begin();   it!=container.end();   it++ )
       cout<<*it<<"";
  cout<<endl;
}
bool twice ( int elem1, int elem2 )          //二元谓词
{
  return (elem1*2==elem2);                   //elem1：搜索元素 elem2：匹配元素
}
```

```
int main( )
{   vector<int> v1, v2;
    list<int> L1;
    for( int i = 1 ; i <=4 ; i++ )   v1.push_back( 5 * i );
    for( int i = 1 ; i <=4 ; i++ )   v1.push_back( 5 * i );
    for( int i = 3 ; i <=4 ; i++ )   L1.push_back( 5 * i );
    for( int i = 2 ; i <=4 ; i++ )   v2.push_back( 10 * i );
    display("v1:",v1);    display("L1:",L1);    display("v2:",v2);
    vector <int>::iterator result;
    result=find_first_of(v1.begin(), v1.end(), L1.begin(), L1.end());
    if( result != v1.end())
        cout<<"v1=L1 位置:   "<<result - v1.begin()<<", 值:"<<*result<<endl;
    result=find_first_of(v1.begin(),v1.end(), v2.begin(),v2.end(), twice);
    if( result != v1.end() )
       cout<<"v1*2=v2 位置:"<<result - v1.begin()<<",值:"<<*result<<endl;
    return 0;   }
```

程序输出：

```
C:\C++ STL\示例程序代码\chapter07\7-5 find_first_...
v1:5 10 15 20 5 10 15 20
L1:15 20
v2:20 30 40
v1=L1位置:   2, 值:15
v1*2=v2位置:1,值:10
```

在例程 7-5 中，v1 用作搜索范围，L1 用作匹配范围，因此语句：

```
result=find_first_of(v1.begin(), v1.end(), L1.begin(), L1.end());
```

表示到 v1 中查找 L1 中的任意一个元素(15 或 20)首次出现的位置。这个元素是 15，出现的位置是在 v1 的下标为 2 的地方。

类似地，v1 用作搜索范围，v2 用作匹配范围，但通过二元谓词 twice 去查找 v1 中元素值的两倍恰好与 v2 中任意一个元素值相等的元素，此时找到的是 v1 中的第一个元素 10，$10 \times 2 = 20$，而 20 是位于匹配集 v2 中的一个元素。

小贴士：

要注意区分 find 与 find_first_of 算法，可以认为 find_first_of 是 find 的扩展。由于 find 每次只能去匹配一个元素值，当要查找的内容较多时则需要多次调用 find，这将导致程序效率降低，此时可以使用 find_first_of 到一个匹配集里去查找，从而避免了重复调用。例如，需要到一本书里去查找第一次出现小动物的位置，若使用 find 算法，这可能需要多次调用 find(小猫)、find(小狗)、find(小兔)……而采用 find_first_of 则只需要调用一次 find_first_of{小猫，小狗，小兔……}即可达到目的。

4. adjacent_find 算法

adjacent 表示“相邻”，因此 adjacent_find 的意思是在相邻两个元素中去查找“匹配”的元素，这个“匹配”可以是值相等，也可以是自定义的“匹配”规则(二元谓词)。

adjacent_find 算法的标准形式为：

```
template <class ForwardIterator>
ForwardIterator adjacent_find (ForwardIterator first, ForwardIterator last);
```

其谓词形式为：

```
template <class ForwardIterator, class BinaryPredicate>
ForwardIterator adjacent_find (ForwardIterator first, ForwardIterator last,BinaryPredicate pred);
```

算法在[first1,last1)构成的搜索范围中依次取出两个相邻元素，若二者的值相等(默认匹配规则)或满足二元谓词所定义的匹配规则，则返回指向其中第一个元素的迭代器。下面通过例程 7-6 说明 adjacent_find 的基本用法。

例程 7-6　djacent_find 示例

```
#include <string>
#include <iostream>
#include <deque>
#include <algorithm>
using namespace std;
template<class T>
void display(string name, T& container)
{
    cout<<name;
    typename T::iterator it;
    for(it=container.begin();   it!=container.end();   it++ )
        cout<<*it<<"";
    cout<<endl;
}
bool twice ( int elem1, int elem2 )                    //二元谓词
{
    return (elem1*2==elem2);                           //elem1：搜索元素 elem2：匹配元素
}
void main( )
{
    int   a[6]={0, 2, 3, 3, 6, 6};
     deque<int> v1(a, a+6);                            //请改用其他类型容器
     display("容器:", v1);
     deque<int>::iterator result;
     result=adjacent_find(v1.begin(), v1.end());       //缺省
```

```
    if( result != v1.end())
        cout<<"邻值相等位置:   "<<result - v1.begin()<<"  值:"<<*result<<endl;
    result=adjacent_find(v1.begin(),v1.end(), twice);          //谓词指定
    if( result != v1.end() )
        cout<<"邻值*2 相等位置:"<<result - v1.begin()<<"  值:"<<*result<<endl;
    system("pause");
}
```

程序输出：

```
C:\C++ STL\示例程序代码\chapter07\7-6 adjacent_f...
容器:0 2 3 3 6 6
邻值相等位置:  2 值:3
邻值*2相等位置:3 值:3
```

adjacent_find 算法到容器中查找到的第一个相等的相邻元素是 3 和 3，返回其相邻位置 2。按照二元谓词 twice 的要求，查找第一个元素 elem1 的两倍等于 elem2 的相邻项。由于 3 的两倍刚好等于 6，因此相邻元素 3、6 满足查找条件，返回其相邻位置 3。

5. search 与 find_end 算法

search 算法用作子序列匹配，其声明形式如下：

```
template <class ForwardIterator1, class ForwardIterator2>
ForwardIterator1 search (ForwardIterator1 first1, ForwardIterator1 last1,
                         ForwardIterator2 first2, ForwardIterator2 last2);
```

Search 的重载形式(支持二元谓词)为：

```
template <class ForwardIterator1, class ForwardIterator2, class BinaryPredicate>
ForwardIterator1 search (ForwardIterator1 first1, ForwardIterator1 last1,
                         ForwardIterator2 first2, ForwardIterator2 last2, BinaryPredicate pred);
```

从参数形式上来看，search 与 find_first_of 是完全一致的，但二者的匹配方式却完全不同，search 采用子序列匹配算法，在搜索范围[first1,last1)中去搜索一个子序列，要求这个子序列与[first2,last2)所构成的序列中的某一部分完全必配(逐一对应)，并返回第一个匹配的子序列位置；若没有找到匹配内容，则返回 last1。

与 search 算法类似的一个算法是 find_end，二者的差异主要在于查找的方向。earch 是从前往后查找，而 find_end 则是从后往前，因此 find_end 找到的将是最后一次子序列匹配的位置。下面通过例程 7-7 对两者的差异进行比较。

例程 7-7　search 与 find_end 算法示例

```
#include <string>
#include <iostream>
#include <deque>
#include <vector>
#include <list>
```

```
#include <algorithm>
using namespace std;
template<class T>
void display(string name, T& container)
{
   cout<<name;
   typename T::iterator it;
   for(it=container.begin();   it!=container.end();   it++ )
         cout<<*it<<"";
   cout<<endl;
}
bool twice ( int elem1, int elem2 )                    //二元谓词
{
   return (elem1*2==elem2);                            //elem1：搜索元素 elem2：匹配元素
}
void main( )
{
    int   a[]= { 2, 4, 2, 3, 4, 6, 2, 3 };
    deque<int> v1(a, a+8);
    vector<int> v2(&a[6], a+8);                        // [...) 左闭右开区间
    list <int> L1(a+4, &a[6]);
    display("v1:", v1);    display("v2:", v2);      display("L1:", L1);
    deque<int>::iterator result;
    vector<int>::iterator result1;
    result=search(v1.begin(), v1.end(), v2.begin(), v2.end());
    result1=find_first_of(v1.begin(), v1.end(), v2.begin(), v2.end());
    if( result != v1.end())
        cout<<"v2 开始位置:"<<result - v1.begin()<<endl;
   if( result1 != v1.end())
        cout<<"find_first_of:v2 中任意元素在 v1 中的开始位置:"
<<result1 - v1.begin()<<endl;
    result=find_end(v1.begin(),v1.end(), v2.begin(),v2.end());
    if( result != v1.end() )
        cout<<"v2 最后位置:"<<result - v1.begin()<<endl;
    result=search(v1.begin(), v1.end(), L1.begin(), L1.end(), twice);
    if( result != v1.end() )
        cout<<"L1 开始位置:"<<result - v1.begin()<<endl;
    system("pause");
}
```

程序输出：

```
C:\C++ STL\示例程序代码\chapter07\7-7 search和fi...
v1:2 4 2 3 4 6 2 3
v2:2 3
L1:4 6
v2开始位置:2
v2最后位置:6
L1开始位置:2

------------------------------
```

特别要注意对比 search 算法所实现的子序列匹配与 find_first_of 的区别：

```
result=search(v1.begin(), v1.end(), v2.begin(), v2.end());
//result=v1 中首次出“23”的位置，即位置 2
result1=find_first_of(v1.begin(), v1.end(), v2.begin(), v2.end());
//result1=v1 中首次出现 v2 中任意元素(2 或者 3)的位置，因为 v1 的第一个元素 2 就是 v2 中的元素，所以 result1 的位置为 0
```

此外，例程中语句 find_end(v1.begin(),v1.end(), v2.begin(),v2.end()); 返回了 v1 中最后出现 v2(子序列“2 3”)的位置 6；而要满足二元谓词的双倍要求，则与 L1 序列“46”的一半相匹配的 v1 子序列“23”出现在位置 2。

6. search_n 算法

search_n 算法是 search 算法的变体，其中_n 表示连续 n 个相同的 val 值所构成的匹配序列；其声明形式也与 search 算法基本一致，只是用 val 值和个数 n 替换了匹配范围[first2,last2)：

search_n 算法的标准形式为：

```
template <class ForwardIterator, class Size, class T>
ForwardIterator search_n (ForwardIterator first, ForwardIterator last,Size count, const T& val);
```

其谓词形式为：

```
template <class ForwardIterator, class Size, class T, class Binary Predicate>
ForwardIterator search_n ( ForwardIterator first, ForwardIterator last,
                           Size count, const T& val, BinaryPredicate pred );
```

例程 7-8 举例说明了 search_n 算法的使用方法。

例程 7-8　search_n 算法示例

```
#include <string>
#include <iostream>
#include <vector>
#include <algorithm>
using namespace std;
template<class T>
void display(string name, T& container)
{
  cout<<name;
```

```
    typename T::iterator it;
    for(it=container.begin();   it!=container.end();   it++ )
        cout<<*it<<"";
    cout<<endl;
}
bool one_half( int elem1, int elem2 )              //二元谓词，要求匹配元素是搜索元素的 1/2
{ return (elem1==2*elem2);   }
//elem1: 搜索元素;  elem2: 匹配元素
int main( )
{   int   a[]= { 5, 10, 5, 5, 5, 10, 10, 5, 5 };
    int size=sizeof(a)/sizeof(int);
    vector<int> vt(a, a+size);
    display("vt:", vt);
    vector<int>::iterator it ;
    it=search_n(vt.begin(), vt.end(), 2, 5);       //到 vt 中搜索由两个连续的 5 构成的子序列
    if( it != vt.end())
        cout<<"位置:"<<it - vt.begin()<<endl;
    it=search_n(vt.begin(), vt.end(), 2, 5, one_half );
//到 vt 中搜索 2 个连续的 5 的 2 倍(one_half 谓词)，即子序列： 1010
    if( it != vt.end())
        cout<<"位置:"<<it - vt.begin()<<endl;
    return 0;
}
```

程序输出：

```
C:\C++ STL\示例程序代码\chapter07\7-8 search_n ...
vt:5 10 5 5 5 10 10 5 5
位置:2
位置:5
```

在例程 7-8 中，函数 one_half 用在算法 search_n 中作为二元谓词使用，其中第一个参数 elem1 用于表示搜索范围的元素，elem2 表示匹配范围对应的元素，其功能在于求出值等于两个连续 5 的两倍(即匹配内容为：10 10)的位置。

7.4　计 数 算 法

标准模板库的计数算法包含两个：count 算法用于统计特定值的个数；count_if 算法则可以通过一元谓词来定制统计条件，替代 count 算法的 operator==进行元素比较，求出满足特定条件的元素个数。下面先看一下二者的声明形式。

count 算法的声明：

```
template <class InputIterator, class T>
typename iterator_traits<InputIterator>::difference_type
count (InputIterator first, InputIterator last, const T& val);
```

count_if 算法的声明：

```
template <class InputIterator, class UnaryPredicate>
typename iterator_traits<InputIterator>::difference_type
count_if (InputIterator first, InputIteratorlast, UnaryPredicate pred);
```

count_if 算法对应一个一元谓词，将[first,last)范围内的元素逐个取出并送入谓词函数中进行判断，满足条件则计数值加 1。

下面通过例程 7-9 来说明 count 和 count_if 算法的使用。

例程 7-9　count 与 count_if 算法示例

```
#include <string>
#include <iostream>
#include <set>
#include <algorithm>
using namespace std;
template<class T>
void display(string name, T& container)
{
    cout<<name;
    typename T::iterator it;
    for( it=container.begin();   it != container.end(); it++ )
        cout<<*it<<"";
    cout<<endl;
}
bool greater10(int value)
{                                                   //一元谓词，value: 容器中元素
    return value>10;
}
void main()
{   int a[ ]={ 10, 20, 10, 40, 10 };
    int size=sizeof(a)/sizeof(int);
    multiset<int>s1(a, a+size);
    //for(int i=0; i<size; i++)   s1.insert(a[i]);   //初始化 s1 的另一种方法
    display("s1:",s1);
    int result = count(s1.begin(), s1.end(), 10);
    cout<<"＝10: "<<result<<"个"<<endl;
```

```
    result = count_if(s1.begin(), s1.end(), greater10);
    cout<<">10: "<<result<<"个"<<endl;
    system("pause");
}
```

程序输出：

```
C:\C++ STL\示例程序代码\chapter07\7-9 count 和 c...
s1:10 10 10 20 40
=10: 3个
>10: 2个
```

例程 7-9 采用 multiset 容器存储待查序列，由于 multiset 是按关键值 key 有序的，且内部采用红黑树作为底层结构，因此在 multiset 对象上进行统计计数的效率是很高的。multiset 容器也定义了用于计数的成员函数 count。一般情况下，若容器中包含相应操作算法，则其效率要比通用算法更好。

Count 用于统计在 multiset 对象上值为 10 的元素个数；count_if 则通过二元谓词 greater10 改变计数条件，统计了 multiset 对象上大于 10 的元素个数。

试一试：

有兴趣的读者可以尝试将例程 7-9 改写成 multiset 的成员函数 count 的版本，然后比较一下成员函数版与通用算法版计数之间的效率差异。

7.5　比较算法

比较算法可用于两个元素之间，也可用于两个序列之间的相互比较。除了采用默认的 operator==操作符或 operator<操作符来进行比较之外，也可以通过二元谓词来定制比较操作。比较算法主要包括 equal、mismatch、lexicographical_compare、max/min_element、max、min 算法。

1. equal 算法

equal 算法用于比较两个相同大小的区间内各对应元素之间是否相同，其参数形式与之前的算法有所不同：

```
template <class InputIterator1, class InputIterator2, class BinaryPredicate>
bool equal (InputIterator1 first1, InputIterator1 last1,
            InputIterator2 first2,          //第二个序列的开始位置
            // BinaryPredicate pred);       //二元谓词：定制比较条件
```

由于 equal 算法是比较两个“相同范围大小”的序列元素之间是否相等，因此第二个序列大小必定与第一个序列大小一致(若两个序列大小不同，则肯定不相等)，算法可以依据第一个序列 last 与 first 之间的范围来确定第二个序列的结束位置 last2。利用二元谓词 pred 可以改变比较规则。下面给出 equal 算法的示例用法，如例程 7-10 所示。

例程 7-10　比较算法 equal()示例

```
#include <string>
#include <iostream>
#include <set>
#include <vector>
#include <algorithm>
using namespace std;
template<class T>
void display(string name, T& container)
{
    cout<<name;
    typename T::iterator it;
    for( it=container.begin();
        it != container.end(); it++ )
        cout<<*it<<"";
    cout<<endl;
}
bool twice( int elem1, int elem2 )
{   return elem1*2==elem2; }
void main()
{
    int a1[]={ 10, 20, 40, 10 };
    int a2[]={ 40, 20, 20, 80 };
    int size=sizeof(a1)/sizeof(int);
    multiset<int> s1(a1, a1+size);
    multiset<int> s2(a2, a2+size);
    vector<int>  vt(a1, a1+size);
    display("集合 s1:", s1);  display("集合 s2:", s2);  display("向量 vt:", vt);
    bool result;
    result = equal(s1.begin(), s1.end(), s2.begin());
    cout<<"   s1==s2: "<< (result ? "Yes":"No")<<endl;
    result = equal(s1.begin(), s1.end(), s2.begin(), twice);
    cout<<"2*s1==s2: "<<(result ? "Yes":"No")<<endl;
    result = equal(s1.begin(), s1.end(), vt.begin());
    cout<<"   s1==vt: "<<(result ? "Yes":"No")<<endl;
    system("pause");
}
```

程序输出：

```
C:\C++ STL\示例程序代码\chapter07\7-10 equal 算...
集合 s1 : 10 10 20 40
集合 s2 : 20 20 40 80
向量 vt : 10 20 40 10
  s1==s2: No
2*s1==s2: Yes
  s1==vt: No
```

equal 函数的返回值是 bool 类型。从例程 7-10 最终的输出可以看到，s1 与 s2 的各个元素之间没有相等关系，但 s1 的元素值*2 刚好等于 s2 中的各个元素，恰好满足谓词 twice 的要求。由于采用了迭代器来间接访问容器元素，因此即便是两种不同的容器 multiset 和 vector，仍然可以进行比较操作，这也体现了迭代器在通用算法与容器之间的桥梁作用。通用算法在迭代器的辅助之下，能够屏蔽掉容器之间的差异，真正实现“泛型”编程。

2. mismatch 算法

mismatch 也用于两个相同大小的序列比较，但与 equal 只返回一个布尔值不同的是，mismatch 将返回第一个不匹配的元素位置。由于这个位置在两个序列中可能是不同的，因此 mismatch 返回的是一个 pair<first,second>，其中 first 是指向第一个序列中不匹配位置的迭代器，而 second 则是指向第二个序列中不匹配位置的迭代器。当然，如果两个序列完全匹配，则 mismatch 将返回 last1(第一个序列的结束位置)以及相应的第二个序列的结束位置。mismatch 其余参数的形式和含义与 equal 完全相同：

```
template <class InputIterator1, class InputIterator2, class BinaryPredicate>
pair<InputIterator1, InputIterator2>
    mismatch (InputIterator1 first1, InputIterator1 last1,
        InputIterator2 first2,              //第二个序列的开始位置
        BinaryPredicate pred);              //二元谓词：定制比较条件
```

下面通过例程 7-11 来说明 mismatch 算法的用法。

例程 7-11　mismatch 算法示例

```
#include <string>
#include <iostream>
#include <set>
#include <vector>
#include <algorithm>
using namespace std;
template<class T>
void display(string name, T& container)
{
    cout<<name;
    typename T::iterator it;
    for( it=container.begin();   it != container.end(); it++ )
        cout<<*it<<"";
```

```
    cout<<endl;
}
void main()
{
    int a1[] = { 1, 2, 5, 3, 4 };
    int a2[] = { 1, 2, 6, 3, 4, 5 };
    set<int>         s(a1, a1+5);
    vector<int>   v(a2, a2+6);
    display("集合:", s);
    display("向量:", v);
    pair<set<int>::iterator, vector<int>::iterator> result;
    result = mismatch(s.begin(), s.end(), v.begin());
    cout<<"--不匹配开始元素--"<<endl;
    cout<<"集合: "<<*result.first<<endl;
    cout<<"向量: "<<*result.second<<endl;
    //比较过程：两个容器的对应元素逐个比较，时间效率为 O(n)
    system("pause");
}
```

程序输出：

```
C:\C++ STL\示例程序代码\chapter07\7-11 mismatc...
集合: 1 2 3 4 5
向量: 1 2 6 3 4 5
--不匹配开始元素--
集合: 3
向量: 6
```

在例程 7-11 中，进行比较的两个序列来自不同类型的两个容器，一个是 vector，另一个是 set，因此要注意 mismatch 的返回值 result 的定义：

```
pair<set<int>::iterator, vector<int>::iterator> result;
```

result 是一个 pair 类型的对象，其中第一个元素 first 是一个指向 set<int>类对象的迭代器，而第二个元素 second 则是一个指向 vector<int>类对象的迭代器。

将通用算法应用到自定义类型的对象上时，需要依据算法本身的要求，去重载自定义类型中的操作符。由于 mismatch 算法需要对元素做相等性比较，因此元素所属类型必须支持 operator==运算符来进行比较运算，或者利用二元谓词来替代默认的==比较。在例程 7-12 中，就体现了这样的编程方法。

例程 7-12　mismatch 用于自定义类型比较

```
#include <string>
#include <iostream>
#include <algorithm>
#include <vector>
```

```
using namespace std;
class Student
{
    long    ID;             //学号
    string Name;            //姓名
    int     Grade;          //成绩
public:
    Student(int id, string name, int grade)
    { ID=id;   Name=name;   Grade=grade; }
    bool operator==(Student& s)                          //重载版：== 类成员
    { return Grade==s.Grade; }                           //自定义：== 的内容
    // friend bool  二元谓词(Student& s1, Student& s2);  //谓词版
    long Get_ID()       { return ID; }
    int     Get_Grade() { return Grade; }
};
/* bool  二元谓词(Student& s1, Student& s2)
{
   return s1.Grade==s2.Grade;                            // s1: 容器 1 元素，s2: 容器 2 元素
} 谓词版*/
void main()
{
     Student s1(1, "赵", 90);        Student s2(2, "钱", 80);
     Student s3(3, "孙", 90);        Student s4(4, "李", 70);
     vector<Student>    v1, v2;
     //----容器元素：自定义 Student 对象----
     v1.push_back(s1);        v1.push_back(s2);
     v2.push_back(s3);        v2.push_back(s4);
     cout <<"---成绩不相等---"<< endl;
     pair<vector<Student>::iterator, vector<Student>::iterator> result;
     result=mismatch(v1.begin(), v1.end(), v2.begin());                    //重载版
     //result=mismatch(v1.begin(), v1.end(), v2.begin(),  二元谓词);       //谓词版
     Student& stu1 = *result.first;                      //error: Student* stu1 = result.first;
     Student& stu2 = *result.second;
     //自定义类型 Student：迭代器不是普通指针
     cout <<"学号:"<<stu1.Get_ID()<<"  成绩:"<<stu1.Get_Grade()<<endl;
     cout <<"学号:"<<stu2.Get_ID()<<"  成绩:"<<stu2.Get_Grade()<<endl;
     system("pause");
}
```

程序输出：

```
C:\C++ STL\示例程序代码\chapter07\7-12 mismatc...
---成绩不相等---
学号:2 成绩:80
学号:4 成绩:70

---------------------------------
```

在例程 7-12 中，自定义类型 Student 包括学号、姓名、成绩三个成员变量，如何对两个自定义的对象 s1 和 s2 进行比较呢？程序在自定义类型 Student 中重载了 operator==运算符，依据 Student 成员变量 Grade 的值进行比较并返回结果 bool 值，从而使得 mismatch 能够据此进行元素比较，获得结果。读者可以自行将本例程改成谓词版形式，用二元谓词替代元素类型中所定义的==操作，实现自定义元素的比较。

3. 字典式比较算法 lexicographical_compare

首先我们回顾一下两个字符串的比较方式。在进行字符串比较时，从字符串的第一个字符开始从左向右逐一按照其 ASCII 码值的大小进行比较，若字符相等，则比较下一对字符；若不相等，则第一对不同字符的大小关系就是整个字符串之间的大小关系。例如字符串“China”和字符串“Chile”相比，从第一个字符 C 开始逐个比较，直到出现第一对不同的字符‘n’和‘l’，其中‘n’的 ASCII 码大于‘l’的 ASCII 码，因此字符串“China”>“Chile”。

字典式比较类似于字符串的比较方式，将两个序列[first1,last1)与[first2,last2)中的元素逐一比较，直到第一对不同的元素值出现，此时比较这对元素值之间的大小，并以此作为整个序列的比较结果。参与比较的两个序列长度可以不同，若元素恰好对应相等，则序列长度越长就越大。lexicographical_compare 的声明如下：

```
template <class InputIterator1, class InputIterator2, class Compare>
bool    lexicographical_compare (InputIterator1 first1, InputIterator1 last1,
                                 InputIterator2 first2, InputIterator2 last2,Compare comp);
//二元谓词定制比较规则
```

例程 7-13　字典式比较 lexicographical_compare 算法示例

```
#include <iostream>
#include <string>           // For: ShowArray
#include <algorithm>
#include <iterator>         // ostream_iterator
using namespace std ;
template<class T>
void ShowArray(string name, T* arr, int n)
{ cout<<name;
  copy(arr,arr+n, ostream_iterator<T>(cout, ""));          //输出 arr 元素
  cout<<endl;
}
int main()
{
```

```
    int a1[]={8, 2, 6, 4, 5},          N1=sizeof(a1)/sizeof(int);
    int a2[]={8, 3, 0},                N2=sizeof(a2)/sizeof(int);
    ShowArray("a1:", a1, N1);
    ShowArray("a2:", a2, N2);
    bool result;
    result=lexicographical_compare(a1, a1+N1, a1, a1+N1);
    cout<<"a1<a1?   "<<(result?"Yes":"No")<<endl;
    result=lexicographical_compare(a1, a1+N1, a2, a2+N2);
    cout<<"a1<a2?   "<<(result?"Yes":"No")<<endl;
    system("pause");
}
```

程序输出：

```
C:\C++ STL\示例程序代码\chapter07\7-13 字典比较l...
a1: 8 2 6 4 5
a2: 8 3 0
a1<a1?  No
a1<a2?  Yes
```

lexicographical_compare 算法返回 bool 类型，当序列[first1,last1)>序列[first2,last2)时返回 true，否则返回 false。在具体元素比较时，缺省采用运算符 operator<，也可以通过重载运算符或二元谓词形式改变元素比较规则。

小贴士：

值得注意的是，在进行两个向量容器之间的比较时，也会用到 lexicographical_compare 算法，将容器中的对应元素依次取出并按照字典序进行比较。vector 容器中对 operator<()重载的函数原型如下：

```
template inline bool operator<(const vector<_Tp,_Alloc>& __x, const vector<_Tp,_Alloc>& __y)
{ return std::lexicographical_compare(__x.begin(), __x.end(), __y.begin(), __y.end()); }
```

从中可以看到，容器之间的比较是通过调用通用算法 lexicographical_compare 来完成的。

4. 比较算法 max_/min_element

max_/min_element 算法用于返回序列中的最大值与最小值，在元素比较时默认采用 operator<运算符或自定义二元谓词进行。max_/min_element 算法时间效率为 O(n)，只需要从前往后扫描一次序列元素即可求出最大或最小值。max_/min_element 算法的定义形式如下：

```
template <class ForwardIterator, class Compare>
ForwardIterator max_element (ForwardIterator first, ForwardIterator last,Compare comp);   //二元谓词
```

下面通过例程 7-14 加以说明。

例程 7-14　max_/min_element 算法示例

```
#include <string>
#include <iostream>
#include <algorithm>
#include <vector>
using namespace std;
struct Student
{ long ID;     string Name;     int Grade; };
bool 最大谓词(Student& s1, Student& s2)
{  return s1.Grade<s2.Grade; }
bool 最小谓词(Student& s1, Student& s2)
{  return s1.Grade<s2.Grade; }
void main()                                        //查找分数最高和最低的学生
{
   Student  s[4]={{1, "赵", 85 }, {2, "钱", 90}, {3, "孙", 70}, {4, "李", 65}} ;
   vector<Student>    vt;
   for(int i=0; i<4; i++)  vt.push_back(s[i]);     // vt 元素是什么
   vector<Student>::iterator min, max;
   max=max_element(vt.begin(), vt.end(),  最大谓词);
   min=min_element (vt.begin(), vt.end(),  最小谓词);
   Student&  最高分  = *max;                       // error: Student*  最高分  = max ;
   Student&  最低分  = *min;                       //自定义类型：迭代器不是普通指针
   cout <<"学号:"<<最高分.ID<<"  最高分:"<<最高分.Grade<<endl;
   cout <<"学号:"<<最低分.ID<<"  最低分:"<<最低分.Grade<<endl;
   system("pause");
}
```

程序输出：

```
C:\C++ STL\示例程序代码\chapter07\7-14 min_和m...
学号:2 最高分:90
学号:4 最低分:65
```

细心的读者会发现，在例程 7-14 中所定义的两个谓词，其函数体是完全相同的，用在 max_element 和 min_element 算法中却分别求出了最大值和最小值。这是为什么呢？其实，求最大值和最小值的差别并不在元素比较的方法上，而在于对比较结果的取舍上。例如有两个元素 a<b，在 max_element 算法中当然会保留大值 b，而在 min_element 算法中自然会保留小值 b。

试一试：

改写本例，不用 vector 容器，直接对结构体数组用最大、最小算法求出其中的最大值和最小值。

5. 比较算法 max 和 min

max 与 min 用于两个对象之间的比较，通过调用对象类型的 operator<运算符或定制的二元谓词 comp 来返回比较结果中的大值或小值，其操作类似于 return (a<b)?b:a 或 return comp(a,b)?b:a。

max 的算法声明如下：

```
template <class T, class Compare>
const T&max (const T& a, const T& b, Compare comp);
//比较函数，可省略，默认采用“<”进行比较
```

min 算法声明如下：

```
template <class T, class Compare>
const T&min (const T& a, const T& b, Compare comp);
//比较函数，可省略，默认采用“<”进行比较
```

下面通过例程 7-15 说明如何使用 max 比较两个 vector 容器中的对象。

例程 7-15　比较算法 max\min 与自定义类型

```
#include <string>
#include <iostream>
#include <vector>
#include <set>
#include <algorithm>
#include <ostream>
using namespace std;
template<class T>
void   display(string name, T& container)
{
    cout<<name;
    Typename T::iterator it=container.begin() ;
    while(it !=container.end())
    {
        cout<<*it<<"";
        it++;
    }
    cout<<endl;
}
class CInt
{
    int m_nVal;
public:
    CInt(int n=0): m_nVal(n) { }                    //构造：初始化列表
```

```
    bool operator<(const CInt& rhs) const                //必须重载<用于对象比较
    {   return m_nVal < rhs.m_nVal ;   }                 //否则，不知如何比较
    friend ostream& operator<<(ostream& osIn, const CInt& rhs)
    { osIn<<"CInt("<<rhs.m_nVal<<")";   return osIn; }
};  //<<和>>只能重载友元或普通函数，不能重载为成员函数
    // istream&   operator   >>(istream &,   自定义类型&   );
    // ostream& operator   <<(ostream&, 自定义类型& );
bool abs_greater ( int elem1, int elem2 )
    //二元谓词函数，比较 2 个元素的绝对值
{
    if(elem1<0)   elem1 = -elem1;
    if(elem2<0)   elem2 = -elem2;
    return elem1<elem2;
};
int main( )
{
   cout<<"-----两个数的最大值-----"<<endl;
   int a=6, b=-7;
   cout<<"max(6, -7):          "<<max(a, b)<<endl;
   cout<<"abs_max(6, -7): "<<max(a, b, abs_greater)<<endl;
   cout<<"-----两个 vector 比较-----"<<endl;
   int a1[]={1, 2, 6, 8, 9};
   int a2[]={1, 3, 2};
   // max(a1, a2);                              // error
   vector <int> v1(a1, a1+5), v2(a2, a2+3), v3;
   display("v1:", v1);         display("v2:", v2);
   cout<<"v3: size="<<v3.size()<<endl;
   v3=max(v1, v2);
   display("v3=max(v1,v2):", v3);
   cout<<"-----两个 vector 比较-----"<<endl;
   CInt c[3]={CInt(1), CInt(2), CInt(3)};
   vector<CInt> v4(c, c+3),    v5(c+1, c+2), v6;
   display("v4:", v4);     display("v5:", v5);
   cout<<"v6: size="<<v6.size()<<endl;
   v6=max(v4, v5);                              //重载<版本
   // v6=max(v4, v5, abs_greater);              //对吗？
   display("v6=max(v4, v5):", v6);
   system("pause");
}
```

程序输出：

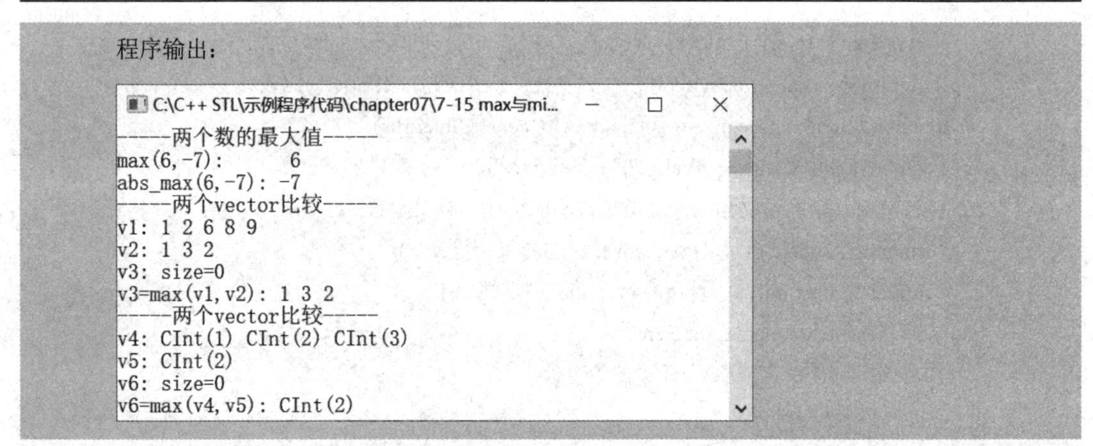

不管是 max 还是 min 算法都需要调用对象类型的 operator<运算符来进行比较。在例程 7-15 中，vector 中的元素是自定义的 CInt 类对象，因此必须在 CInt 类中重载<运算符。

关于代码倒数第四行所提出的问题，v6=max(v4, v5, abs_greater)的本意是用 abs_greater 作为比较函数完成 v4 与 v5 这两个向量容器之间的比较，因此需要修改 abs_greater 的参数形式，以匹配 max 算法的要求。即修改为

```
bool abs_greater ( vector<CInt> elem1, vector<CInt> elem2 )
```

本 章 小 结

非可变序列算法是一类只读取元素、不改变元素也不重排元素的算法，因此此类算法对迭代器的要求都不高，输入型迭代器和前向迭代器就能满足非可变序列算法的需要。按照功能可以将非可变序列算法划分成循环、查询、计数和比较四类。算法要么采用==运算符，要么采用<运算符进行元素之间的匹配与比较，大多数算法都支持通过谓词改变默认的操作以满足定制化的需求。在使用算法操作自定义类型的对象时，需要特别注意在类型定义中对算法所需的操作符进行重载或者通过谓词的形式来完成元素之间的比较，否则就会出现算法与自定义类型不匹配的错误。

课 后 习 题

一、概念理解题

1. 非可变序列算法的共同特点是什么？“非可变”仅仅指的是元素值不变吗？

2. 简要说明在通用算法名称中所包含的_if、_copy、_n、_end 各自代表什么含义。

3. 简要说明 search 算法、find_end 算法与 find_first_of 之间的差异。

4. 在集合容器(set)中定义了 find 和 count 成员函数，用于查找和计数。本章所介绍的通用算法 find 和 count 也可用于集合容器的查找与计数，为什么 STL 要这样设计？在实际使用中应该如何选择与取舍？

5. 回顾并总结各个非可变序列算法所对应的迭代器分别是什么，回答为什么要这样要求，哪些容器支持这样的迭代器。

二、上机练习题

1. 理解本章所有例题并上机练习，回答提出的问题并说明理由。

2. 随机产生 100 个 50～100 之间的整数作为初始的学生成绩数据，接下来将所有成绩由百分制改成等级制，对应的规则如下：<60 不及格，>=60 and<70 及格，>=70 and <80 中，>=80 and <90 良，>=90 优秀，最后将转换后的结果保存到容器中或直接输出显示。

3. 对于下列程序，先理解程序并写出运行结果，然后上机验证：

```
// count_if example
#include <iostream>        // std::cout
#include <algorithm>       // std::count_if
#include <vector>          // std::vector
using namespace std;
bool IsEven (int i) { return ((i%2)==0); }
int main () {
    vector<int> myvector;
    for (int i=1; i<10; i++) myvector.push_back(i); // myvector: 1 2 3 4 5 6 7 8 9
    int mycount = count_if (myvector.begin(), myvector.end(), IsEven);
    cout <<"myvector contains "<< mycount   <<" Even values.\n";
    return 0;
}
```

4. 阅读下列程序，写出运行结果并上机验证。

```
#include <iostream>            // std::cout, std::boolalpha
#include <algorithm>           // std::lexicographical_compare
#include <cctype>              // std::tolower
using namespace std;
bool mycomp (char c1, char c2)
{   return toupper(c1)<toupper(c2); }
int main () {
    char s1[]="_compare";
    char s2[]="_Computer";
    cout <<"字典序比较两个字符数组 (s1<s2):\n";
    cout <<"采用默认的比较运算: ";
    cout << lexicographical_compare(s1, s1+8, s2, s2+9)<<endl;
    cout <<"利用自定义比较函数:";
    cout <<lexicographical_compare(s1, s1+8, s2, s2+9, mycomp);
    cout << '\n';
    return 0;
}
```

5. 在 C++11 中新增了 all_of 算法，其定义形式如下：

```
template <class InputIterator, class UnaryPredicate>
bool all_of (InputIterator first, InputIterator last, UnaryPredicate pred);
```

其功能说明如下：

测试范围 [first, last) 内的元素是否都满足一元谓词 pred 所设定的条件。若测试条件成立，则返回 true。

请自行设计程序，调用 all_of 算法，体会该算法的功能及用法。

第八章　C++STL 可变序列算法

C++ 标准模板库的可变序列算法(Modifying Sequence)是指能够改变容器中元素的值或者重新排列元素顺序的一类模板函数，主要包括复制、填充、交换、替换、变换、移除、反转、随机重排和分区等算法。这些算法都需要高效地访问容器元素以及改变元素在容器中的位置，因此对迭代器的功能要求较高，部分算法需要随机访问迭代器的支持。由于算法不能改变容器的大小，因此在写入元素前需要确保目标序列的大小要比算法写入的元素数量更大或至少相等。

本章主要内容

- 可变序列算法概述；
- 写入类算法；
- 重排算法。

8.1　可变序列算法概述

依据算法对容器元素的操作方式，进一步将可变序列算法分成写入算法与重排算法两类。写入算法至少会要求支持写入操作的输出型迭代器，但“写入”并不等于“插入”，写入算法不能改变容器的大小，只能通过“写入”操作去修改(改写)容器元素的值；写入算法也不检查目的写入位置的容量大小，因此在写入前需要在程序中确保写入区域足够大，能够容纳下待写入的数据，否则就会产生错误。重排算法用于改变元素的排列顺序，标准库支持多种形式的重排，虽然 sort 排序也是属于重排算法，但本章并不介绍排序算法，而是将排序算法放入第九章单独进行讨论。

本章主要介绍的可变序列算法如表 8.1 所示。

表 8.1　可变序列算法

算法功能	算法名称	说　明
写入算法	copy()	将元素从“源”拷贝到“目的”位置
	fill()	填充指定的值到序列中
	swap()	交换两个单一对象或者交换两个大小相同的数组
	transform()	通过函数对象对源区间元素作运算后覆盖写入目标区间
	replace()	将指定区域内的旧值替换为新值
	generate()	生成序列并填充到指定区域

续表

算法功能	算法名称	说　明
重排算法	remove()	删除特定值的元素，返回删除后的新区域的 end
	unique()	比较元素，去掉相邻的重复值或满足谓词条件的相邻值
	reverse()	返回原始序列的反序结果
	rotate()	交换两个相邻区间的元素
	random_shuffle()	返回指定区间元素的一个随机排列
	_permutation()	prev 与 next 分别返回一个排列的字典序前项与后项
	partition()	将元素依照是否满足谓词条件分成两组，返回不满足条件的首个元素位置；不稳定排序
	stable_partition()	算法功能与 partition 一致；稳定排序

本章对上述每个算法都给出了示例，在示例代码中多次应用函数模板 display 输出容器内的元素，其定义形式如下：

```
template<class T>
void  display(string name, T& container)                //输出容器元素
{
    cout<<name;
    typename T::iterator it ;
    for(it=container.begin();
        it !=container.end();   it++)
        cout<<*it<<"";
    cout<<endl;
}
```

display 函数接受两个参数，第一个参数为 string 类型，表示容器名称；第二个参数 container 对应要输出的容器对象，类型参数 T 可以依据实参类型自动推导，因此可以支持各类不同容器。display 函数体通过迭代器 it 完成对容器 container 的遍历，依次输出 container 的所有元素。

类似地，函数 showArr 用于遍历输出长度为 n，名称为 name 的数组 a 中的所有元素：

```
void  showArr(string name, int* a, int n)
{
    cout<<name;
    for(int i=0; i<n; i++) cout<<a[i]<<"";
    cout<<endl;
}
```

为了节约篇幅，本章所有示例代码中的 display 函数和 showArr 函数将不再给出具体代码实现，示例中可直接调用。

8.2 写入算法

1. 元素复制 copy 算法

copy 用于将元素从“源”(source)复制到“目的地”(destination)，目的地的原始数据将会被从源拷贝过来的数据所覆盖。在复制前需要确保目的范围足够大，大于或等于源范围的大小。copy 操作并不会改变目标容器的大小，其函数形式如下：

```
template <class Input Iterator, class Output Iterator>
Output Iterator copy (Input Iterator first, Input Iterator last, Output Iterator result);
```

在 copy 算法的三个参数中，前两个参数表示拷贝的源区间[first,last)，第三个参数 result 表示目的区间的起始位置。由此可见，copy 算法并不需要明确目标区间的结束位置，而是通过源区间的大小去自动计算和匹配目标区间中相同大小的区间，因此需要自行检查目的区间的大小是否能够“容纳”下源区域的数据。在使用 copy 算法时需要注意这一点。

标准库还提供了几个 copy 算法的变体：copy_backward 算法将 copy 算法的第三个参数改成 destEnd，用于表示目标区域的结束位置；相应地，目标区域的开始位置则会由算法自行计算匹配。copy_if 算法允许在拷贝的时候加上一元谓词作为拷贝条件，符合条件的元素才加以拷贝。copy_n 算法则使用 n 来替代源区域的结束位置 last，表示拷贝从 first 开始的连续 n 个元素。下面通过例程 8-1 来实现和比较上述 copy 算法及其变体。

例程 8-1　拷贝类算法示例

```
#include <iostream>
#include <string>
#include <vector>
#include <algorithm>
using namespace std;
template<class T>

bool oddcopy(int& elem)                    //一元谓词，elem 为奇数则返回 true
{
    return (elem%2 !=0);
}

int main()
{
   int a[]={1, 2, 3, 4, 5};
   vector<int> v1(a, a+5), v2(3);
   display("v1:", v1);
   display("v2:", v2);
   // copy(v1.begin(), v1.end(), v2.begin());     出错
```

```
//因为 v2 的大小不够容纳 v1.begin～v1.end 中的元素
v2.resize(5);
display("v2.resize(5):", v2);
copy(v1.begin()+1,v1.end()-1, v2.begin()+1);
//拷贝 v1 中的 2, 3, 4 到 v2 的第二个位置开始的区域
display("v2:", v2);
v2.clear();                                    //清除 v2 的所有元素
v2.resize(5);
display("v2.resize(5):", v2);
copy_backward(v1.begin()+1, v1.end()-1, v2.end()-1);
//拷贝 v1 的元素到 v2 中，拷贝的最后一个元素在 v2.end()-1 位置
display("v2:", v2);
vector<int> v3(5), v4(5);
copy_n(v1.begin(), 3, v3.begin()+2);
//拷贝 v1 第一个元素开始的连续 3 个元素到 v3 中
display("v3:", v3);
copy_if(v1.begin(), v1.end(), v4.begin(), oddcopy);
//只拷贝 v1 中的奇数到 v4 中
display("v4:", v4);
system("pause");
}
```

程序输出：

```
C:\C++ STL\示例程序代码\chapter08\8-1 元素拷贝 c...
v1:1 2 3 4 5
v2:0 0 0
v2.resize(5):0 0 0 0 0
v2:0 2 3 4 0
v2.resize(5):0 0 0 0 0
v2:0 2 3 4 0
v3:0 0 1 2 3
v4:1 3 5 0 0
```

例程 8-1 中定义的一元谓词 oddcopy，当参数值为奇数时返回 true，偶数时返回 false，配合 copy_if 算法，使得满足谓词条件的元素(奇数)拷贝到目标区间。此外，由于 v2 的初始大小与 v1 不一致，在执行拷贝时会出错，而 copy 算法本身并不会检查这个错误，因此在程序设计时要特别注意这个问题。例程通过 resize 成员函数调整 v2 的大小之后就能够正确完成元素的拷贝了。

2. 元素填充 fill 算法

fill 算法用于向指定范围填充相同元素，其定义形式如下：

```
template <class ForwardIterator, class T>
```

```
void fill (ForwardIterator first, ForwardIterator last, const T& val);
```

first 和 last 都是 Forward Iterator 型迭代器，对应待写入的区域，val 是要写入的值。fill 算法的变体 fill_n 算法则采用 Size 类型的 n 表示要填充的元素个数，定义形式如下：

```
template <class OutputIterator, class Size, class T>
void fill_n (OutputIterator first, Size n, const T& val);
```

向目标区域(以 first 迭代器作为起始)填充 n 个相同的值 val。

下面通过例程 8-2 来说明 fill 及 fill_n 的用法。

例程 8-2　元素填充算法示例

```
#include <iostream>
#include <string>
#include <vector>
#include <algorithm>
using namespace std;
template<class T>
int main()
{
    struct ONE { string str ;   int *a; };                    //结构体 ONE
    ONE one;
    one.a=new int[5];
    for(int i=0; i<5; i++) one.a[i]= i+1;
    vector<int> v1(one.a, one.a+5), v2(3);
    display("v1:", v1);   display("v2:", v2);
    fill(v2.begin(), v2.end(), v1[3]);      display("v2:", v2);        // v1[3]的值是 4
    fill(v1.begin(),v1.end(), one.a[1]);    display("v1:", v1);
    fill_n(v2.begin(), 3, 8);     display("v2:", v2);                  //填充 3 个 8 到 v2
    // fill_n(v2.begin(), 5, 8);
    display("v2:", v2);       // v2 的 size 为 3，向其中填充 5 个 8 会出错
    system("pause");
}
```

程序输出：

```
C:\C++ STL\示例程序代码\chapter08\8-2 元素填充 fi...
v1:1 2 3 4 5
v2:0 0 0
v2:4 4 4
v1:2 2 2 2 2
v2:8 8 8
```

试一试：

如果把整个结构体装入 vector，例程可以如何改写？

3. 交换算法 swap

交换算法主要有 swap 和 swap_ranges 两个，其中 swap 算法可用于对象之间的交换，包括大小不同的两个数组或容器之间的交换也可以用 swap 算法实现；swap_ranges 算法则借助前向型迭代器逐个访问元素，完成两个序列范围的元素交换，其函数模板声明如下：

```
template <class ForwardIterator1, class ForwardIterator2>
ForwardIterator2 swap_ranges (ForwardIterator1 first1, ForwardIterator1 last1,
                              ForwardIterator2 first2);
```

first1 和 last1 用于确定第一个交换区间的范围；first2 则表示交换的第二个区间范围的起始位置，需要确保第二个区间的空间足够，算法不能自动扩展空间。

标准库还提供了一个用迭代器实现的单一元素交换算法 iter_swap，其功能与 swap 一致，只是用迭代器来引用元素。

下面通过例程 8-3 说明交换算法的用法。

例程 8-3　交换算法 swap 示例

```
#include <iostream>
#include <string>
#include <vector>
#include <list>
#include <algorithm>
using namespace std;
template<class T>
int main()
{
   int a[]={1, 2, 3};
   int b[]={4, 5, 6};
   swap(a, b);              //swap 重载形式，要交换的 a、b 两个数组大小必须相同
   showArr("a[]:", a, 3);
   showArr("b[]:", b, 3);
   int c[]={1, 2, 3, 4, 5, 6, 7, 8};
   vector<int> v1(c, c+3);
   vector<int> v2(c+3, c+8);
   cout<<"v1 与 v2 交换前的地址："<<endl;
   cout<<"v1 address:"<<&v1[0]<<endl;
   cout<<"v2 address:"<<&v2[0]<<endl;
   display("v1:", v1);      display("v2:", v2);
   cout<<"swap<v1, v2>:"<<endl;
   swap(v1, v2);                                  // v1、v2 大小可不同
   display("v1:", v1);      display("v2:", v2);
   cout<<"v1 与 v2 交换后的地址："<<endl;
```

```
cout<<"v1 address:"<<&v1[0]<<endl;
cout<<"v2 address:"<<&v2[0]<<endl;          //并没有交换元素，只是互换了
list<int> L(v1.begin(), v1.end());          // v1 与 v2 的地址
display("L:", L);
cout<<"L1 与 v2 交换前的地址："<<endl;
cout<<"L1 address:"<<&*L.begin()<<endl;
cout<<"v2 address:"<<&v2[0]<<endl;
cout<<"swap_ranges<v2, L>:"<<endl;
swap_ranges(v2.begin(), v2.end(), L.begin());
//swap_ranges(L.begin(), L.end(), v2.begin());     // error v2 空间不够
display("v2:", v2);    display("L:", L);
cout<<"L1 与 v2 交换后的地址："<<endl;
cout<<"L1 address:"<<&*L.begin()<<endl;
cout<<"v2 address:"<<&v2[0]<<endl;          // L 与 v2 容器类型不同
cout<<"iter_swap<L,v2>:"<<endl;             //不能互换 L 与 v2 的地址
iter_swap(--L.end(), v2.begin());           //交换 L 的最后一个元素和
display("v2:", v2);    display("L:", L);    // v2 的第一个元素
system("pause");    }
```

程序输出：

```
C:\C++ STL\示例程序代码\chapter08\8-3 元素交换 s...
a[]:4 5 6
b[]:1 2 3
v1与v2交换前的地址:
v1 address:0xdd1530
v2 address:0xdd1550
v1:1 2 3
v2:4 5 6 7 8
swap<v1, v2>:
v1:4 5 6 7 8
v2:1 2 3
v1与v2交换后的地址:
v1 address:0xdd1550
v2 address:0xdd1530
L: 4 5 6 7 8
L1与v2交换前的地址:
L1 address:0xdd1580
v2 address:0xdd1530
swap_ranges<v2, L>:
v2:4 5 6
L: 1 2 3 7 8
L1与v2交换后的地址:
L1 address:0xdd1580
v2 address:0xdd1530
iter_swap<L, v2>:
v2:8 5 6
L: 1 2 3 7 4
```

在调用 swap_ranges 算法交换序列元素时，必须保证目标区间有足够的容量。例如程序中语句 swap_ranges(L.begin(), L.end(), v2.begin());　会报错的原因在于源区间[L.begin(),

L.end())长度为 5，而目标区间 v2 大小只有 3，小于源区间。

本例程的另外一个问题是：为什么两个容器 v1 和 v2 的大小不同，却能交换 swap(v1,v2)呢？从例程的输出可以看到，交换 v1 与 v2 实质上是互换了 v1 与 v2 的地址，元素并未移动，因而 v1 与 v2 的大小可以不同。

4. 变换算法 transform

transform 算法的主要功能在于对元素进行变换，具体的变换方法则取决于相应的函数对象。transform 支持一元函数对象，也支持二元函数对象。当采用一元函数对象时，其定义形式如下：

```
template <class InputIterator, class OutputIterator, class UnaryOperation>
OutputIterator transform (InputIterator first1, InputIterator last1,
                                        OutputIterator result, UnaryOperation op);
```

transform 算法从源区间[first1,last1)中逐个读取元素并交给一元函数对象 op 进行运算，运算结果覆盖写入迭代器 result 开始的目标区间(目标区间大小要足够)，其功能如图 8-1 所示。

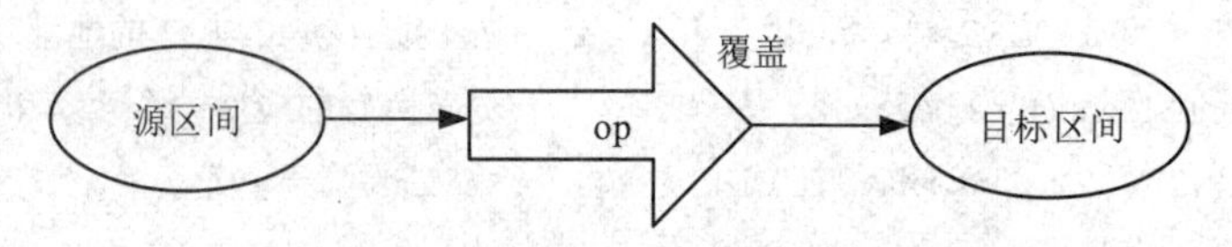

图 8-1　transform 的功能示意图(一元函数对象)

transform 还支持二元函数对象。此二元函数对象所需的两个参数分别来自两个不同的源区间，其定义形式如下：

```
template <class InputIterator1, class InputIterator2,
class OutputIterator, class BinaryOperation>
OutputIterator transform (InputIterator1 first1, InputIterator1 last1,
InputIterator2 first2, OutputIterator result, BinaryOperation binary_op);
```

其中除了源区间 1[first1,last1)之外，还有以 first2 开始的源区间 2。从这两个源区间中各取出一个元素作为二元函数对象 op 的参数，op 的返回值则覆盖写入到 result 开始的目标区间中，其功能如图 8-2 所示。

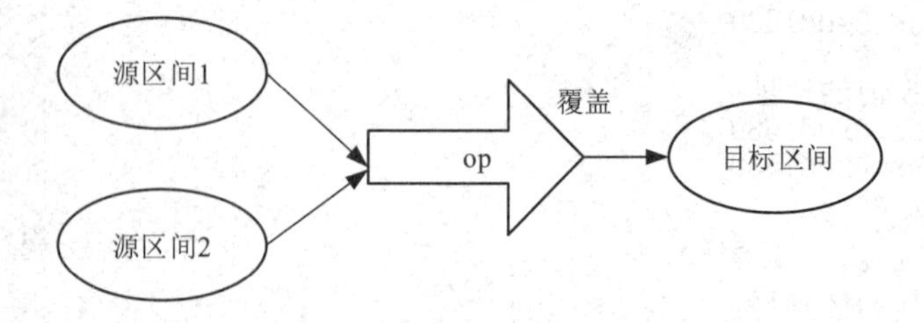

图 8-2　transform 的功能示意图(二元函数对象)

下面通过例程 8-4 来说明 transform 算法的基本用法。

例程 8-4　变换算法 transform 示例

```
#include <iostream>
#include <string>
```

```
#include <vector>
#include <list>
#include <algorithm>
using namespace std;
template<class T>
template<class T>
template<class T>
T Func1(T& elem)                        //一元函数，非对象
{   return -1*elem; }
int Func2(int& e1, int& e2)             //二元函数，非对象
{       return e1+e2; }
int main()
{
   int a[]={1, 2, 3, 4};   int b[]={5, 6, 7, 8, 9};
   showArr("a[]:", a, 4);        showArr("b[]:", b, 5);
   transform(a, a+3, b, Func1<int>);        // a 符号取反→b, 保证 b[]空间足够
   showArr("a[]:", a, 4);        showArr("b[]:", b, 5);
   vector<int> v1(a, a+4);
   vector<int> v2(b, b+5);       cout<<endl;
   display("v1:", v1);           display("v2:", v2);
   cout<<"transform<(-1)v1→v2>:"<<endl;
   //transform(v2.begin(), v2.end(),v1.begin(),Func1<int>);   // error v2>v1
   transform(v1.begin(), v1.end(),v2.begin(),Func1<int>);
   display("v1:", v1);           display("v2:", v2);
   list<int> L(5, 1);            display("L:", L);
   cout<<"transform<v1+v2→L>:"<<endl;
   transform(v1.begin(),v1.end(), v2.begin(), L.begin(),Func2);
   display("L:", L);    system("pause");    }
```

程序输出：

```
C:\C++ STL\示例程序代码\chapter08\8-4 元素变换 t...
a[]:1 2 3 4
b[]:5 6 7 8 9
a[]:1 2 3 4
b[]:-1 -2 -3 8 9

v1:1 2 3 4
v2:-1 -2 -3 8 9
transform<(-1)v1→v2>:
v1:1 2 3 4
v2:-1 -2 -3 -4 9
L: 1 1 1 1 1
transform<v1+v2→L>:
L: 0 0 0 0 1
```

虽然 transform 的参数个数比较多，但是在使用该算法时，只要根据一元函数或二元函数对象的要求去对应源数据区间，然后确保目标区间有足够容量即可。

5. 替换算法 replace

replace 用于将区间内满足条件的“旧值”替换成“新值”，默认的比较方式是采用 operator==操作符，即值相等则被替换。replace 算法的变体有 replace_if，支持用一元谓词替换系统默认的比较运算；replace_copy 可以在不改变源区间的情况下将替换结果拷贝到目标区间；replace_copy_if 算法则是上述算法的功能之和。replace 算法及其变体的定义形式如下所示：

```
template <class ForwardIterator, class T>
        void replace (ForwardIterator first, ForwardIterator last,
    //两个迭代器表示源区间[first,last)
    // OutputIterator result  迭代器表示拷贝到的目标区域(replace_copy)
      const T& old_value,               //被替换的旧值 oldvalue
    // UnaryPredicate pred 一元谓词表示替换条件(replace_if)
      const T& new_value                //替换成的新值
);
```

在 replace 算法中，迭代器 first 和 last 的类型是 Forward Iterator，可以读取元素用于比对，同时也可以在该区间内写入新值；replace_copy 算法中所用迭代器 first 和 last 则为 Input Iterator，只能读取元素用于比对而无法写入，而表示写入区域的迭代器 result 则是 Output Iterator 类型，用于写入新值。由此可见，STL 在算法设计时充分考虑到了算法功能与迭代器之间的对应配合。例程 8-5 给出了 replace 算法及其一系列变体算法的使用方法，其中自定义的一元谓词 pred 将替换条件设置为“元素值<=0”，即对 0 和负数进行替换。

例程 8-5　replace 算法及其变体

```
#include <iostream>
#include <string>
#include <list>
#include <algorithm>
using namespace std;
template<class T>
template<class T>
bool pred(T& elem)                    //一元谓词：替换条件<=0
{   return elem<=0; }
int main()
{
   int a[5]={};                       //初始值列表为空，a 的元素值都初始为 0
   int b[4]={1, -2, -3, 4};
   showArr("a[]:", a, 5);
   replace(a, a+3, 0, 7);             //将数组 a 的前三个元素中值为 0 的替换为 7
```

```
    showArr("a[]:", a, 5);
    showArr("b[]:", b, 4);
    cout<<"replace<b(≤0→8)>:"<<endl;
    replace_if(b, b+4, pred<int>, 8);          //一元谓词 pred 改变替换条件<=0
    showArr("b[]:", b, 4);                     //将数组 b 中小于等于 0 的元素替换为 8
    list<int> L(5, 0);
    display("L:    ", L);
    cout<<"replace<a(≤0→1)→L>:"<<endl;
    replace_copy_if(a, a+5, L.begin(), pred<int>, 1);
    //replace_copy_if 将 a 中前 5 个元素中小于等于 0 的元素替换为 1 并将替换后的结果拷贝到
      L.begin()开始的位置，a 中的元素保持不变
    display("L:    ", L);
    showArr("a[]:", a, 5);
    system("pause");
}
```

程序输出：

```
C:\C++ STL\示例程序代码\chapter08\8-5 替换 repla...
a[]:0 0 0 0 0
a[]:7 7 7 0 0
b[]:1 -2 -3 4
replace<b(≤0→8)>:
b[]:1 8 8 4
L:  0 0 0 0 0
replace<a(≤0→1)→L>:
L:  7 7 7 1 1
a[]:7 7 7 0 0
```

6. 生成元素算法 generate

generate 算法首先需要定义一个函数对象 gen，也叫生成器(generator)。这个函数对象没有参数，其作用是用于构造一个“生成序列”并返回。generate 算法将生成器 gen 返回的值逐一赋给[first,last)区间的元素；generate_n 算法则用元素个数 n 替代 last 来表示赋值区间。

generate 算法的定义形势如下所示：

```
template <class ForwardIterator, class Generator>
void generate (ForwardIterator first, ForwardIterator last, Generator gen);
```

generate_n 算法的定义形势如下所示：

```
template <class OutputIterator, class Size, class Generator>
void generate_n (OutputIterator first, Size n, Generator gen);
```

可以根据需要来自定义生成器 gen 产生的生成序列。著名的斐波那契(Fibonacci)数列是指这样一个数列，其前两项均为 1，从第三项开始，每一项都等于前两项之和，即 1 1 2 3 5 8 13 21……。因此，可以定义一个用于生成斐波那契数列的生成器，如下例所示：

例：一个产生斐波那契数列的生成器：

```
int   Fibonacci()          //无参数，返回值将用于区间赋值
{                          //产生并返回：斐波那契序列的一项(第 2 项开始)
    static int f1=0, f2=1,sum;
    sum=f1+f2;
    f1=f2;
    f2=sum;
    return f1;}
```

例程 8-6　生成算法 generate 示例

```
#include <iostream>
#include <string>
#include <deque>
#include <vector>
#include <algorithm>
using namespace std;
int   Fibonacci()
{       //产生并返回：斐波那契序列的一项(第 2 项开始)
    static int f1=0, f2=1, sum;
    sum=f1+f2;    f1=f2;    f2=sum ;
    return f1;
}
int main()
{
    int a[7]={};    showArr("a[]:", a, 7);
    generate(a+1, a+7, Fibonacci);                //使用 Fibonacci 函数作为生成器填充 a
    showArr("a[]:", a, 7);
    deque<int>dq(4,0);
    display("dq:",dq);
    srand(0);                                     //初始化随机数发生器
    generate(dq.begin(), dq.end(), rand);         //随机数范围 0-32767: 16bits int
    display("dq:", dq);
    vector<int>vt(7, 0);
    display("vt:", vt);
    generate_n(vt.begin()+1, 5, Fibonacci);       //继续生成斐波拉契数列填充 vector
    display("vt:", vt);
    system("pause");
}
```

程序输出：

```
C:\C++ STL\示例程序代码\chapter08\8-6 生成元素 ...
a[]:0 0 0 0 0 0 0
a[]:0 1 1 2 3 5 8
dq:0 0 0 0
dq:38 7719 21238 2437
vt:0 0 0 0 0 0 0
vt:0 13 21 34 55 89 0
```

在例程 8-6 中不仅使用自定义的生成器 Fibonacci 生成了斐波那契序列，还利用系统的随机函数生成随机序列进行填充。在很多应用中都需要用到随机数，如果直接调用 rand 函数，则每次生成的伪随机数序列(范围为 0～32 767)是相同的，而 srand(unsigned seed)则可以通过参数 seed 改变系统提供的随机数序列种子，从而可以使得调用 rand 函数生成的伪随机序列不同。一般采用系统时间来改变种子值 srand(time(NULL))，进而得到不同的伪随机序列。

下面通过例程 8-7 演示如何利用系统的随机函数生成随机序列。

例程 8-7 generate 产生随机数

```cpp
#include <iostream>
#include <string>
#include <vector>
#include <algorithm>
#include <stdlib.h>                          //srand(), rand()
#include <time.h>                            //time()
using namespace std;
template<class T>                            //类模板：非 int, float 不作处理
class MyRandom  { };
template<>                                   //类模板特化：int 随机数 [0,100)
class MyRandom<int>
{ public:
     MyRandom()
     { srand(time(NULL));   }                //利用系统时间产生随机数种子
     int operator( )( )                      //函数对象：generate 要求它没有参数
     {    int result = rand()%100;           // [0,100)
          return result;
     }
};
template<>                                        //类模板特化: float 浮点随机数 [0,1)
class MyRandom<float>
{ public:
    MyRandom() {       srand(time(NULL));   }
```

```
        float operator( )( )                        //函数对象：generate 要求它没有参数
        {   float result = rand()%100*0.01;         //[0,1)
            return result;
        }
    };
    void main( )
    {
     cout<<"产生[0,100)5 个整型随机数:"<< endl;
     vector<int> v1(5);
     generate_n(v1.begin(), 5, MyRandom<int>());    //可改为函数模板
     display("v1:", v1);
     cout<<"产生 [0, 1) 4 个浮点随机数:"<<endl;
     vector<float> v2(4);
     generate_n(v2.begin(), 4, MyRandom<float>());
     display("v2:", v2);
     system("pause");
    }
```

程序输出：

```
C:\C++ STL\示例程序代码\chapter08\8-7 生成随机...
产生[0, 100) 5个整型随机数:
v1: 9 43 60 24 60
产生 [0, 1) 4个浮点随机数:
v2: 0.09 0.43 0.6 0.24
```

从程序输出可以看到，由于采用系统时间作为随机种子，因此程序每次所生成的随机数序列都是不同的。rand 函数生成的随机数范围在 0～32767 之间，本例采用对 100 取模的方式(rand()%100)将随机数的范围缩小到 0～100 之间，又进一步通过 rand()%100*0.01 的方法将随机数限定在 0～1 之间，得到相应的浮点随机数。

8.3 重排算法

重排类算法重新排列容器元素的顺序，使之符合算法所要求的规则。元素重排的规则多种多样，最常见也用得最多的是元素排序，本书将在第九章专门加以介绍。除了排序算法之外，本节介绍的重排算法主要包括移除(remove)、唯一(unique)、反转(reverse)、环移(rotate)、随机重排(random_shuffle)、字典序排列(_permutation)以及分区(partition)算法。

1. 移除算法 remove

remove 算法用于在指定区间“移除”指定的元素值，并返回移除元素后所得到的新区域的结尾 new_end。remove 算法的变体 remove_if 算法支持通过一元谓词改变移除条件；

remove_copy 算法不会改变移除区域的元素，而是将移除后的结果拷贝到新的目标区域；remove_copy_if 算法则综合了以上两个算法的功能。remove 算法的定义形式如下所示：

```
template <class ForwardIterator, class T>
ForwardIterator remove (ForwardIterator first,
    ForwardIterator last,           //移除区间[first,last)
    //OutputIterator result,        //带_copy 算法的拷贝目标区间
    //UnaryPredicate pred,          //带_if 算法的一元谓词
    const T& val);                  //移除特定值 val
```

下面通过例程 8-8 演示移除算法 remove 及其变体算法的功能。

例程 8-8　移除算法 remove 示例

```
#include <iostream>
#include <string>
#include <vector>
#include <algorithm>
using namespace std;
template<class T>
void    showArr(string name, T& arr, int size)
{
    cout<<name;
    for(int i=0; i<size; i++) cout<<arr[i]<<"";
    cout<<endl;
}
template<class T>
bool pred(T& elem)                              //一元谓词，移除条件：元素值<0
{   return elem<0; }
int main()
{
    int a[5]={1, 0, 2, 0, -3};    showArr("a[]:", a, 5);
    remove(a, a+5, 0);                          //“移除”数组 a 中的 0
    showArr("a[]:", a, 5);
    int b[5]={-10,-20,-30,-40,-50};
    vector<int> v1(b, b+5);        display("v1:", v1);
    cout<<"remove<a(<0)→v1>:"<<endl;
    remove_copy_if(a, a+5, v1.begin(), pred<int>);
    //“移除”数组 a 中<0 的元素并将移除结果拷贝到 v1 中
    display("v1:", v1);
    remove_if(v1.begin(), v1.end(), pred<int>);    //“移除”v1 中<0 的元素
    display("v1:", v1);
```

```
    int c[]={1, -2, -3, 4, 5};
    vector<int>v2(c, c+5);          display("v2:", v2);
    vector <int>::iterator new_end;                 //接受 remove_if 的返回值
    new_end=remove_if(v2.begin(),v2.end(), pred<int>);
                        //new_end 表示移除后的新区域的尾后 end
    display("v2:", v2);
    v2.erase(new_end, v2.end());
                        //v2 的成员函数 erase 真正移除了被"移除"的元素
    display("v2:", v2);
    system("pause");
}
```

程序输出：

```
C:\C++ STL\示例程序代码\chapter08\8-8 删除 remo...
a[]:1 0 2 0 -3
a[]:1 2 -3 0 -3
v1: -10 -20 -30 -40 -50
remove<a(<0)→v1>:
v1: 1 2 0 -40 -50
v1: 1 2 0 -40 -50
v2: 1 -2 -3 4 5
v2: 1 4 5 4 5
v2: 1 4 5
```

remove 算法充分体现了 C++ 标准库通用算法的设计原则——“不改变容器大小”。remove 算法看似在移除特定值或符合谓词条件的元素值，实则是将后面的元素向前赋值，覆盖掉这些被“移除”的元素，最后返回那些保留元素的新末尾 new_end。此时位于 new_end 和 end 之间的元素已经没有意义了，这些元素无法使用泛型算法 remove 真正删除，却可以使用容器的成员函数 erase 加以清除。这也体现了泛型算法与容器成员函数在功能上的划分。为了保证泛型算法的普适性和通用性，泛型算法不针对任何具体容器进行设计，也不允许直接修改容器大小，而采用迭代器间接访问元素；那些与具体容器自身结构密切相关的操作(push、pop、insert 等)交由容器的成员函数来完成，可以保证操作效率和安全性。这是一种从一般(泛型算法)到特殊(成员函数)的设计方法。

2. 元素唯一性算法 unique

unique 算法将处理区间内的元素两两比较，去掉相邻的重复元素，只保留重复元素中的第一个。与 remove 算法类似，这里的“移除”也并非真正地移除，而是将后面的元素向前赋值，最后返回新的 end 位置。unique 算法也允许通过二元谓词改变元素比较的规则，替换默认的比较运算 ==，但并不是以“算法名+_if”的形式提供的，而是以 unique 算法的重载形式来提供对二元谓词的支持。unique 算法的变体 unique_copy 算法则与其他“算法名+_copy”形式的算法功能相似，用于将处理的结果拷贝到目标位置。unique 算法的定义形式如下所示：

```
template <class ForwardIterator, class BinaryPredicate>
ForwardIterator unique (ForwardIterator first,
                        ForwardIterator last,          //处理范围[first,last)
                        //OutputIteratorresult,        //结果拷贝到目标位置(unique_copy)
                        //BinaryPredicatepred);        //二元谓词，定义“重复”的条件
```

例程 8-9 用于演示 unique 算法的功能，其中自定义的 mod_equal 函数用作 unique 算法中的二元谓词，用于比较相邻整型元素的绝对值，即绝对值相等的元素也被认为是重复元素。通过程序输出的 new_end 可以看到 unique 算法每次验证唯一性后返回的是操作结果的新结束位置，程序通过调用容器的 erase 成员将位于 new_end 和容器结尾 end()之间的多余内容删除。

例程 8-9 unique 算法示例

```
#include <iostream>
#include <string>
#include <vector>
#include <algorithm>
#include <functional>                          //greater<int>
using namespace std;
template<class T>
bool mod_equal ( int elem1, int elem2 )
{       //二元谓词：去除条件。注意 elem1、elem2 非引用
    if(elem1<0) elem1=-elem1;
    if(elem2<0) elem2=-elem2;
    return elem1==elem2;                       //比较两个元素的绝对值是否相等
};
int main( )
{
    int a[8]={5, -5, -5, -4, 4, 5, 7};
    vector<int> v1(a,a+7);          display("v1:", v1);
    vector<int>::iterator NewEnd;
    NewEnd=unique(v1.begin(), v1.end() );      //去掉相邻重复元素
    display("v1:", v1);
    cout<<"NewEnd: "<<*NewEnd<<endl;
    v1.erase(NewEnd, v1.end());                //容器的 erase 成员函数删除多余元素
    display("v1:", v1);
    NewEnd=unique(v1.begin(), v1.end(), mod_equal );
                                               //去掉相邻绝对值相同的元素
    display("v1:", v1);
    cout<<"NewEnd: "<<*NewEnd<<endl;
```

```
        v1.erase(NewEnd, v1.end());
        display("v1:", v1);
        int b[]={8, 7, 9, 7, 5, 6};
        vector<int>v2(b, b+6);              display("v2:", v2);
        NewEnd=unique(v2.begin(), v2.end(), less_equal<int>());
        // less：越来越小(降序)。相邻元素比较，去除后面更大或相等元素
        //NewEnd=unique(v1.begin(), v1.end(), greater_equal<int>());
        display("v2:", v2);
        cout<<"NewEnd: "<<*NewEnd<<endl;
        v2.erase(NewEnd, v2.end());     display("v2:", v2);
        system("pause");
    }
```

程序输出：

```
C:\C++ STL\示例程序代码\chapter08\8-9 唯一 uniq...
v1: 5 -5 -5 -4 4 5 7
v1: 5 -5 -4 4 5 7 7
NewEnd: 7
v1: 5 -5 -4 4 5 7
v1: 5 -4 5 7 5 7
NewEnd: 5
v1: 5 -4 5 7
v2: 8 7 9 7 5 6
v2: 8 7 5 7 5 6
NewEnd: 7
v2: 8 7 5
```

例程 8-9 采用多种方式检验元素的“唯一性”，unique 算法默认采用 operator==进行相邻元素的比较，因此在程序输出的第一行中，v1 的第三个元素–5 是重复元素，被后续的元素所覆盖后得到程序输出的第二行；此时的 new_end 为 7，即前 6 个元素 5 –5 –4 4 5 7 是唯一的，调用容器的 erase 成员函数将 new_end 到 end 之间的内容(最后一个 7)删除。

例程接下来将自定义的谓词 mod_equal 作为比较元素唯一性的准则，此时元素 5 和-5 被认为是“相同”的，–4 与 4 也是“相同”的，因此删除后得到的结果是 5 –4 5 7(虽然仍有两个 5，但这两个 5 并不相邻)。

最后例程将系统预定义的函数对象 less_equal<int>()作为 unique 算法的谓词，此时的“相等”条件变成“<=”。也就是说，只要两个相邻元素中的前一个元素值 <= 后一个元素值，就认为两者“相等”，后一个元素将被覆盖掉。序列中第二个元素 7 后面的 9 和 7 都跟第二个元素 7 之间满足这个“相等”关系，最后的两个元素 5 和 6 也满足“相等”关系，最终 9、7、6 都被认为是“重复元素”，被 erase 删除。

试一试：

读者可以将本例中注释掉的代码恢复，然后观察以 greater_equal<int>()作为算法谓词时的输出结果是否与你预期的一致？

3. 反转算法 reverse

反转算法 reverse 用于将元素进行反序排列，其变体 reverse_copy 算法可将反序后的元素拷贝到目标区间。reverse 算法的定义形式如下所示：

```
template <class BidirectionalIterator>
void reverse (BidirectionalIteratorfirst, BidirectionalIterator last,
    //OutputIterator result        //反转后的结果拷贝到 result 位置(reverse_copy)  );
```

反转算法需要用到双向迭代器 Bidirectional Iterator，这种迭代器支持读/写以及++和--运算。反转算法的核心思想就是在满足 first!=last 的前提下，交换 first 与 last 所指向的元素 iter_swap(first,last)，然后再执行++first 和--last。

下面通过例程 8-10 来说明反转算法 reverse 的用法。

例程 8-10 反转算法 reverse 示例

```
#include <iostream>
#include <string>
#include <vector>
#include <algorithm>
using namespace std;
int main()
{
    vector<int> v1, v2(7);
    for(int i=0; i<7; i++)        v1.push_back(i);
    display("v1:", v1);           display("v2:", v2);
    reverse_copy(v1.begin(), v1.end(), v2.begin());       //反转 v1 并将结果拷贝到 v2
    display("v2:", v2);           display("v1:", v1);
    reverse(v1.begin(), v1.end());                        //反转 v1
    display("v1:", v1);
    system("pause");
}
```

程序输出：

```
C:\C++ STL\示例程序代码\chapter08\8-10 反转 reve...
v1: 0 1 2 3 4 5 6
v2: 0 0 0 0 0 0 0
v2: 6 5 4 3 2 1 0
v1: 0 1 2 3 4 5 6
v1: 6 5 4 3 2 1 0
```

reverse 算法的调用形式和用法相对简单。例程 8-10 中还用到 reverse_copy 算法，用于将 v1 反转后的结果拷贝到容器 v2 中存放。

4. 环移算法 rotate

环移算法 rotate 用于交换两个相邻的区间，区间的大小可以不同。由于区间是相邻的，因此采用三个迭代器来描述这两个区间，分别是 first、middle 和 last。如图 8-3 所示，三个迭代器所形成的区间是[first, middle)以及[middle, last)。

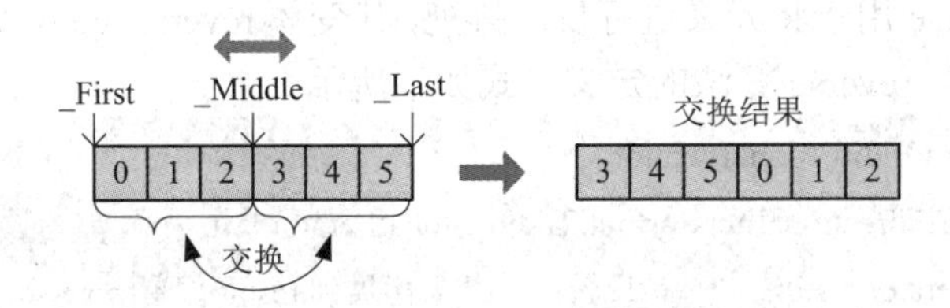

图 8-3　环移算法示意图

rotate 算法的定义形式如下所示：

```
template <class ForwardIterator>
  void rotate (ForwardIterator first, ForwardIterator middle,
              ForwardIterator last          //first、middle、last 表示相邻的两个区间
              //OutputIterator result        //将环移结果保存到 result 开始的位置(rotate_copy)
              );
```

下面通过例程 8-11 来演示环移算法的使用方法。

例程 8-11　环移算法 rotate 示例

```
#include <iostream>
#include <string>
#include <vector>
#include <queue>
#include <algorithm>
using namespace std;
int main()
{
    vector <int> vt;
    for(int i=0;   i<=5;   i++)   vt.push_back(i);                //初始化 vt
    display("vt:", vt);
    rotate (vt.begin(), vt.begin()+2, vt.end());                  // 0、1 与 2、3、4、5 交换
    display("vt:", vt);                                           //与 swap 比较异同
    swap_ranges(vt.begin(), vt.begin()+2, vt.begin()+2);          // 2、3 与 4、5 交换
    display("vt:", vt);
    deque <int> dq;
    for(int i=0;   i<=5;   i++)   dq.push_back(i);
    display("dq:", dq);
    //for(int i=1;   i<=dq.end()-dq.begin(); i++)                 //作用与下句相同
    for(int i=0; i<dq.size(); i++)
    {
        rotate(dq.begin(), dq.begin()+1, dq.end());
                                        //将第一个元素与其后的所有元素交换
```

```
        display("dq:", dq);
    }
    system("pause");
}
```

程序输出：

```
C:\C++ STL\示例程序代码\chapter08\8-11 环移算法....
vt: 0 1 2 3 4 5
vt: 2 3 4 5 0 1
vt: 4 5 2 3 0 1
dq: 0 1 2 3 4 5
dq: 1 2 3 4 5 0
dq: 2 3 4 5 0 1
dq: 3 4 5 0 1 2
dq: 4 5 0 1 2 3
dq: 5 0 1 2 3 4
dq: 0 1 2 3 4 5
```

例程 8-11 最后的 for 循环体内的语句 rotate(dq.begin(), dq.begin()+1, dq.end());完成将容器第一个元素与其余全部元素交换的功能，经过多次循环后，得到一组交换后的元素序列。这组序列可以看作是将元素多次向左环移的结果，这也是算法取名为 rotate 的原因。

rotate 算法与 swap_ranges 算法都可以用于元素交换，二者之间的差别表现在：

(1) rotate 要求的是相邻区间的交换，而 swap_ranges 则没有这个限制。

(2) rotate 交换的两个区间大小可以不同，但 swap_ranges 必须是同样大小的区间才能交换。

(3) swap_ranges 可以用于不同容器的元素交换，而 rotate 只能用于同一容器的元素交换。

5. 随机重排算法 random_shuffle

random_shuffle 算法将区间[first,last)中的 n 个元素顺序打乱，随机选择这 n 个元素全排列中的一种来重新安排元素。为了防止出现重复的随机序列，也可以在 random_shuffle 算法中指定随机数发生器。其定义形式如下：

```
template <class RandomAccessIterator, class RandomNumberGenerator>
void random_shuffle (RandomAccessIterator first,
                     RandomAccessIterator last,            //重排区间
                     RandomNumberGenerator& gen); //随机数发生器
```

随机重排算法要求迭代器是支持随机访问的 Random Access Iterator 型迭代器，因此只有在容器 vector、deque 中才能采用 random_shuffle 算法。通常选择 vector，其随机访问的效率更高。

下面通过例程 8-12 来说明随机重排算法的使用方法。

例程 8-12　random_shuffle 算法示例

```
#include <iostream>
#include <string>
```

```
#include <vector>
#include <algorithm>
#include <time.h>                       // time()
using namespace std;
int myRand(int n)                       //产生 int 随机数[0,n)
{ // random_shuffle 要求：一个 int 参数
  // srand(time(NULL));                 //时间种子：多次执行时不会产生相同序列
  int result = rand()%n;                // result 的取值在[0,n)之间
  cout<<"n:"<<n<<" result:"<<result<<endl;
  return result;
};
int main()
{   vector<int> v1, v2,v3;
    for(int i=0;   i<=5;   i++)   v1.push_back(i);
    v3=v2=v1;
    display("v1:", v1);
    display("v2:", v2);
    display("v3:", v3);
    srand(time(NULL));                  //比较异同：放这里与放下面
    cout<<"---第一次随机---"<<endl;
    random_shuffle(v1.begin(), v1.end());
    display("v1:", v1);
    cout<<"---第二次随机---"<<endl;
    random_shuffle(v2.begin(), v2.end());
    display("v2:", v2);
    cout<<"---第三次随机---"<<endl;
    //srand(time(NULL));                //时间种子,作用于其后的 rand 函数
    random_shuffle(v3.begin(), v3.end(), myRand);
    display("v3:", v3);
    system("pause");
}
```

程序输出：

第一次运行结果：

```
C:\C++ STL\示例程序代码\chapter08\8-12 随机重排 ...
v1: 0 1 2 3 4 5
v2: 0 1 2 3 4 5
v3: 0 1 2 3 4 5
---第一次随机---
v1: 5 0 2 3 1 4
---第二次随机---
v2: 1 2 0 3 5 4
```

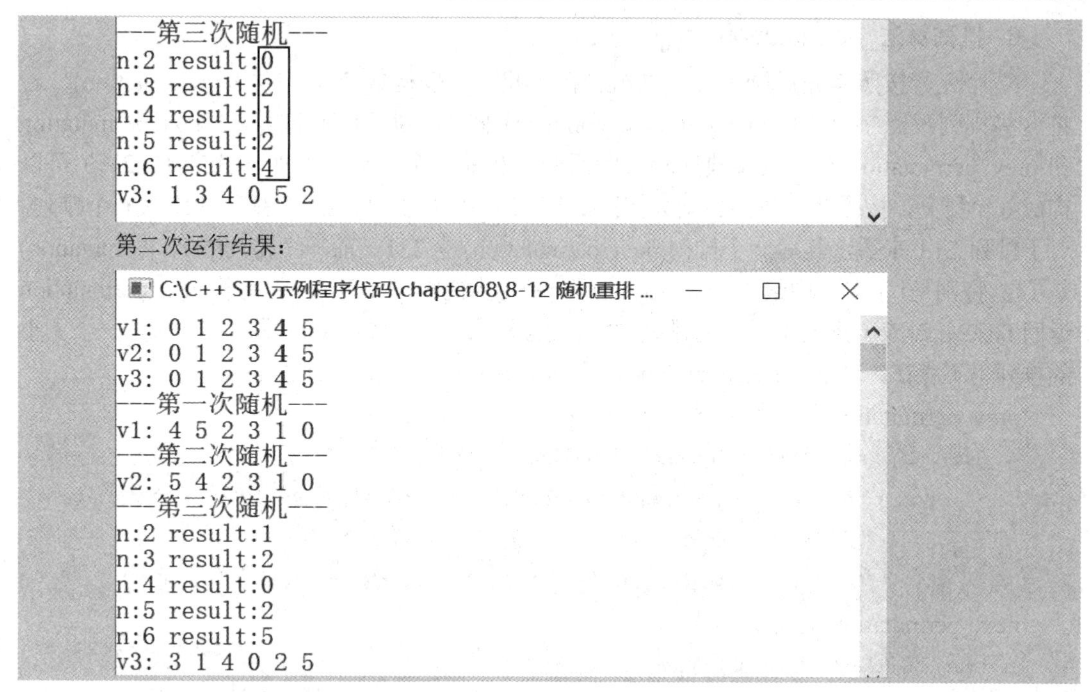

由于在每次随机重排前都利用系统时间重设了随机种子 srand(time(NULL))，因此程序每次运行会得到不同的重排结果。

关于自定义随机函数 myRand，按照算法的要求，myRand 接受一个参数 n，并返回一个小于 n 的非负值 result，这个 result 就是随机选出来一个用于交换的元素下标。另一个参与交换的元素则从序列中下标 1 开始，由小到大逐一取出。对照例程 8-12 第一次的运行结果，myRand 返回的 result 序列为 0,2,1,2,4。整个随机重排过程如图 8-4 所示。

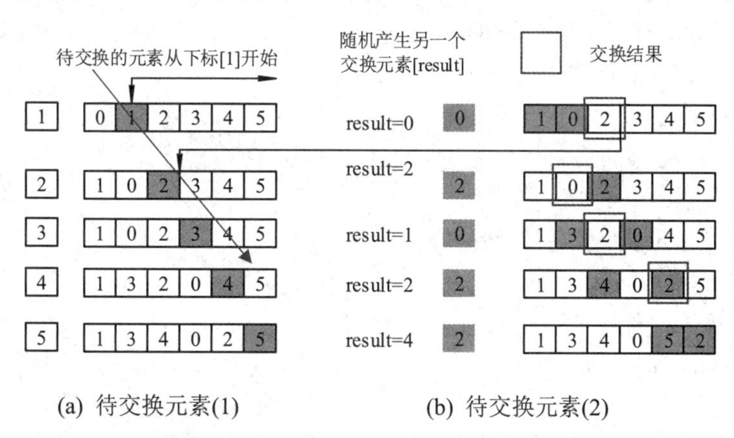

(a) 待交换元素(1)　　(b) 待交换元素(2)

图 8-4　random_shuffle 的随机重排过程

容器内共有 6 个元素，因此总共需要交换 6-1=5 次。每次交换其中一对元素，这对元素的下标来自两个途径，一是图 8-4(a)左侧斜下箭头所示，从下标 1 开始，每次交换后自动加一；另一个待交换的元素下标则由 myRand 函数对象产生的随机数提供，即例程 8-12 输出的一系列 result 值，如图 8-4(b)右侧黑框所示。

6. 排列算法_permutation

N 个元素按照其先后顺序的不同组合在一起，可以构成 N！个排列(permutation)。若将这些排列按照字典序(lexicographical_compare)排序，则可以通过算法 next_permutation 和 prev_permutation 获得其字典序相邻的后一个和前一个排列。例如，数字 1、2、3 可以构成 6 个排列，按照字典序由小到大依次得到 123、132、213、231、312、321 共 6 个排列。对于排列 213 来说，其后一个排列(next_permutation)是 231，前一个排列(prev_permutation)是 132。特别是，字典序中最大排列 321 的后一个更大的排列不存在，因此其 next_permutation 返回 false 并对应全排列中最小的排列 123。类似地，表示字典序最小排列 123 的前一个更小的排列也不存在，其 prev_permutation 返回 false 并对应最大的排列 321。

prev_permutation 的定义形式如下所示：

```
template <class BidirectionalIterator, class Compare>
bool prev_permutation (BidirectionalIterator first,          //最小排列返回 false，其余返回 true
                       BidirectionalIterator last,           //元素范围
                     //Compare comp);                        //比较函数，默认<
```

next_permutation 的定义形式：

```
template <class BidirectionalIterator, class Compare>
bool next_permutation (BidirectionalIterator first,          //最大排列返回 false，其余返回 true
                       BidirectionalIterator last,           //元素范围
                     //Compare comp);                        //比较函数，默认<
```

下面通过例程 8-13 演示 next_permutation 和 prev_permutation 的基本用法。

例程 8-13　排列算法 permutation 示例

```
#include <iostream>
#include <string>              //ShowArray
#include <algorithm>
#include <iterator>            //ostream_iterator
using namespace std ;
template<class T>
void ShowArray(string name, T* arr, int n)
{
   cout<<name;
   copy(arr,arr+n, ostream_iterator<T>(cout, ""));
}
int main()
{
   const int N=3;       int count=0;
   int a[N]={1, 2, 3};      int b[N]={3, 2, 1};
   for( ; ; )
   {
```

```
        count++;
        ShowArray("a[]:", a, N);
        ShowArray("b[]:", b, N);        cout<<endl;
        if( !next_permutation(a, a+N) |
            !prev_permutation(b, b+N))    break;    //循环输出 a，b 的全排列
    }
    cout<<"排列个数: "<<count<<endl;
    ShowArray( "a[]:", a, N);
    ShowArray("b[]:", b, N);        cout<<endl;
    prev_permutation(a, a+N);                        //最小排列 123 的 prev_permutation：321
    next_permutation(b, b+N);                        //最大排列 321 的 next_permutation：123
    ShowArray( "a[]:", a, N);
    ShowArray("b[]:", b, N);
    cout<<endl;
    system("pause");
}
```

程序输出：

```
C:\C++ STL\示例程序代码\chapter08\8-13 排列_per...
a[]: 1 2 3 b[]: 3 2 1
a[]: 1 3 2 b[]: 3 1 2
a[]: 2 1 3 b[]: 2 3 1
a[]: 2 3 1 b[]: 2 1 3
a[]: 3 1 2 b[]: 1 3 2
a[]: 3 2 1 b[]: 1 2 3
排列个数: 6
a[]: 1 2 3 b[]: 3 2 1
a[]: 3 2 1 b[]: 1 2 3
```

例程 8-13 循环输出 a 数组和 b 数组的全排列。要想输出全排列，必须设置好起始的排列值。在本例中，数组 a 的初始排列 123 是最小排列，因此循环调用 next_permutation 可以依次输出其后的所有排列；数组 b 的初始排列 321 为最大排列，循环调用 prev_permutation 就可以输出其前面的所有排列。此外还要注意 for 循环体内的 if 语句后的判断条件，当 a 数组的 next_permutation 或 b 数组的 prev_permutation 返回 false 时(意味着已经循环输出完 a 数组之后或 b 数组之前的所有排列了)，循环结束。

7. 分区算法 partition

分区算法将元素分为两组，其中满足谓词条件的元素为一组，放在序列前面；不满足谓词条件的元素构成另外一组，放在序列后面，算法返回两组元素的分界点(指向第二组第一个元素的迭代器)。partition 的定义形式如下所示：

```
template <class Bidirectional Iterator, class Unary Predicate>
Bidirectional Iterator partition (Bidirectional Iterator first,
                        //返回指向第一个不满足条件元素的迭代器
```

```
                    Bidirectional Iterator last,        //分区范围
                    UnaryPredicate pred);               //一元谓词，分区条件
```

若有一序列元素 9, 2, 3, 6, 5, 7, 3, 4, 8 的分区(谓词)条件是元素值>5，其操作示意图如图 8-5 所示。

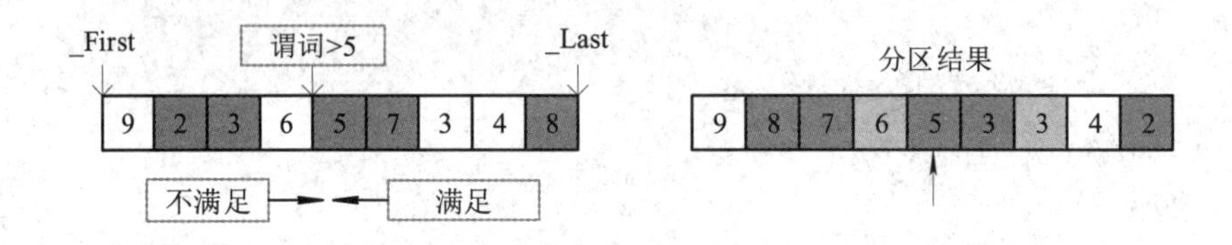

图 8-5　分区 partition 算法操作示意图

正如图 8-5 所示，分区 partition 算法最终将元素分成了两组，满足谓词条件(大于 5)的元素 8、7 与不满足谓词条件的元素 2、3 之间进行了互换，并返回指向元素 5 的迭代器(分界点)。分区是实现快速排序的关键步骤，但是分区算法是不稳定的算法。例如在本例中，第二个和第三个元素 2、3 分别与序列后方的 8 和 7 交换，其中 2 与 8 互换，3 与 7 互换；交换之后，原来排在 2 之后的 3 被换到了 2 的前面，不满足排序稳定性的要求。

8. 搬移算法 stable_partition

与 partition 算法不同，搬移算法(stable_partition)在完成元素分区的同时还能满足排序稳定性要求，其定义形式与 partition 一致，操作示意图如图 8-6 所示。

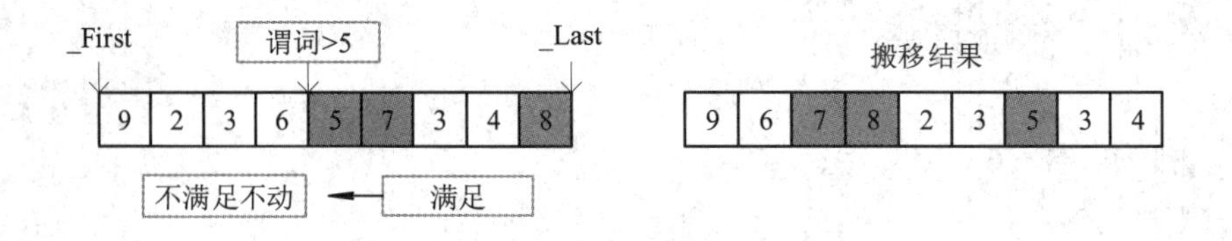

图 8-6　搬移算法 stable_partition 操作示意图

stable_partition 不是将元素 2、3 与满足谓词条件的元素 7、8 互换，而是跳过所有不满足条件的元素，将满足条件的元素 9、6、7、8 从原来的位置依次向前“搬移”到整个序列的前端，从而完成分区。由于不满足条件的元素不会被“搬移”，因此 stable_partition 能保持相同元素的相对次序不变，是稳定的算法。下面通过例程 8-14 说明分区与搬移算法之间的差异。

例程 8-14　分区算法 partition 与搬移算法 stable_partition 的比较

```
#include <iostream>
#include <string>
#include <vector>
#include <algorithm>
using namespace std;
bool greater5( int value )              //一元谓词，条件：元素值>5
{    return value>5;    }
```

```
int main()
{
    int a[]={9, 2, 3, 6, 5, 7, 3, 4, 8};
    int size=sizeof(a)/sizeof(int);
    vector<int> v1(a, a+size), v2, v3;
    v3=v2=v1;
    display("v1=v2=v3:", v1);
    cout<<"------- v1(>5)分区  -------"<<endl;
    vector <int>::iterator result;
    result=partition(v1.begin(), v1.end(), greater5);
    cout<<"第一个不满足条件的元素："<<*result<<endl;
    display("v1:", v1);
    cout<<"------- v2(>5)搬移  -------"<<endl;
    result=stable_partition(v2.begin(), v2.end(), greater5);
    cout<<"第一个不满足条件的元素："<<*result<<endl;
    display("v2:", v2);
    cout<<"---- v3(>5)不满足条件  ----"<<endl;
    result=partition_point(v3.begin(),v3.end(), greater5);
    //在 C++11 中新增的 partition_point 返回第一个不满足谓词条件的元素
    cout<<"第一个不满足条件的元素："<<*result<<endl;
    display("v3:", v3);
    system("pause");
}
```

程序输出：

```
C:\C++ STL\示例程序代码\chapter08\8-14 partition...
v1=v2=v3: 9 2 3 6 5 7 3 4 8
------- v1(>5)分区 -------
第一个不满足条件的元素: 5
v1: 9 8 7 6 5 3 3 4 2
------- v2(>5)搬移 -------
第一个不满足条件的元素: 2
v2: 9 6 7 8 2 3 5 3 4
---- v3(>5)不满足条件 ----
第一个不满足条件的元素: 2
v3: 9 2 3 6 5 7 3 4 8
```

通过例程 8-14 可以看到，对于相同的数据，分区算法与搬移算法的结果是有差异的，但都能返回二组数据的分界点；从时间效率上讲，分区算法优于搬移算法，尤其是数据量较大的时候更为明显。本例还用到了 partition_point 算法，这是 C++11 中新增的算法，其功能是从前往后遍历数据区，找到并返回第一个不满足谓词条件的元素位置。partition_point 算法并不会对数据进行交换或移动。

本 章 小 结

可变序列算法(Modifying Sequence)通过写入(覆写)元素值或者重排元素来达到算法操作的目的。主要包括写入算法和重新算法两类。本章详细讨论了写入算法中的 copy、fill、swap、transform、replace 和 generate 等算法的基本形式、重载形式以及相关的算法变体。算法变体是指在算法名称之后加上_if 或者_copy 形成的新算法，加上_if 的算法允许通过函数对象或谓词来定制算法，加上_copy 形式的算法允许将操作结果拷贝到新的目标区域。写入算法通常需要支持写入的迭代器，如 Output Iterator 或 Forward Iterator。但是写入并非插入，写入算法可以改写元素但是不能添加元素。重排算法中包括 remove、unique、reverse、rotate、random_shuffle、next_permutation、prev_permutation、partition 以及 stable_partition。重排算法需要高效访问元素和交换元素，因此重排算法通常需要双向读写迭代器 Bidirectional Iterator 甚至随机访问迭代器 Random Access Iterator。支持随机访问迭代器的容器较少，主要有 vector 和 deque。在使用重排算法 remove 和 unique 时要注意，算法是不能删除容器元素的，只能通过重排元素的方法覆盖无用的元素，最终需要调用容器的成员函数 erase 才能真正删除元素。这是 C++ STL 的重要设计原则。

除了本章所介绍的可变序列算法之外，还有部分 C++11 新增的算法。由于篇幅关系并没有涉及，读者可以自行查找相关文档补充学习。

课 后 习 题

一、概念理解题

1. 什么是 STL 的可变序列算法？它跟非可变序列算法有什么区别？主要有哪几类可变序列算法？

2. 如何理解 remove 算法被归类为“重排”算法？要真正移除容器中的元素，需要调用容器的成员函数 erase 与 remove 算法搭配使用，STL 这样设计的目的是什么？

3. 许多算法名称中都包含_if，这样的算法有什么特点？类似地，带_copy 和_n 的算法又有什么特点？

4. unique 算法只能进行相邻元素的比较并删除其中重复的元素。若两个重复元素不相邻，则无法删除。你有更好的办法能够解决这个问题吗？如果有，应该怎么实现？

5. 为什么 reverse 算法需要 Bidirectional Iterator 迭代器？这跟算法的程序逻辑有关吗？再观察一下其他算法的定义形式，找出其与迭代器之间的关联。

6. 分区算法 partition 可以认为是快速排序 quickSort 算法中每次递归前的必要步骤，本书第九章将会介绍 sort 排序算法。请查阅资料，回答 STL 的 sort 算法采用的排序策略是什么？STL 是怎么确保排序算法的高效性的？

二、上机练习题

1. 理解本章所有例题并上机练习，回答提出的问题并说明理由。

2. 编写一个函数 replaceNeg，将容器内前 n 个元素中的负值替换为 0。

3. 编写一个求全排列的函数，要求输入 n 和 m 两个参数，其中 1<n<10,0<m≤n，从 1～n 中随机选取 m 个数字进行全排列，按照字典序输出，每种排列占一行。

4. 快速排序是一个典型的基于分治思想的算法，其基本思想是：

(1) 选择基准值 pivot 将数组划分成两部分，一部分小于基准值，一部分大于基准值。

(2) 对得到的两个子数组再次进行快速排序。

(3) 当子数组满足递归出口条件时合并结果。

请使用通用算法 partition 或 stable_partition 编写实现快速排序的程序，测试结果并理解每一步的快排过程。

5. 先将下列程序补充完整，再回答相应问题，最后验证结果。

```
#include <iostream>        // std::cout
#include <algorithm>       // std::partition
#include <vector>          // std::vector
using namespace std;
bool IsOdd (int i) { return __________ }
int main () {
  vector<int> myvector;
  for (int i=1; i<10; ++i) myvector.push_back(i);      // 1 2 3 4 5 6 7 8 9
  vector<int>::iterator bound;
  __________ = partition (myvector.begin(), myvector.end(), IsOdd);
  cout <<"输出奇数：";
  for (vector<int>::iterator it=myvector.begin(); it!=bound; ++it)
    cout << ' ' << *it;
  cout << '\n';
  cout <<"输出偶数：";
  for (vector<int>::iterator it=bound; it!=__________; ++it)
    std::cout << ' ' << *it;
  std::cout << '\n';
  return 0;
}
```

在程序中，迭代器 bound 的作用是什么？程序最终的输出又是什么？

6. 阅读下列程序，算法 myFun 的功能与本章所介绍的哪个算法功能类似？为什么？

```
template <class BidirectionalIterator, class UnaryPredicate>
BidirectionalIteratormyFun (BidirectionalIterator first,
BidirectionalIterator last, UnaryPredicate pred)
{
  while (first!=last) {
```

```
        while (pred(*first)) {
            ++first;
            if (first==last) return first;
        }
        do {
            --last;
            if (first==last) return first;
        } while (!pred(*last));
        swap (*first, *last);
        ++first;
    }
    return first;
}
```

第九章　C++STL 排序相关算法

C++ 标准模板库中与排序相关的算法可以分为两类：一类是将无序序列排列成有序序列的函数模板，包括 sort 算法和 stable_sort 算法；另一类是在有序序列的基础之上进行操作的函数模板，这些算法主要有二分搜索 binary_search、归并 merge 以及集合操作等。

排序类算法一般要求采用随机访问迭代器。在标准容器中，vector 和 deque 都支持随机访问，而 list 和关联容器则不适用此类算法。

本章主要内容

- 排序算法 Sort;
- 第 n 小元素算法 nth_element;
- 二分搜索算法 binary_search;
- 有序集操作算法 set_。

9.1　排序算法 sort

排序算法用于重排元素，使之有序。这里的“排序”默认指按照元素值的升序排列，元素之间比较的默认操作符是小于运算 operator<，也可以采用重载操作符或自定义谓词的形式改变比较规则，从而得到不同的有序序列。用于元素整体排序的算法是 sort 和 stable_sort。sort 采用快速排序的算法思想，执行效率高但却不稳定；stable_sort 能够保证相等元素在排序后仍能保持排序前的序列关系，是稳定的排序算法。sort 算法还有一些变体，如 is_sorted 算法用于判断序列整体是否有序；is_sorted_until 则从序列头开始依据排序条件判断部分有序的范围，返回部分有序的结束位置；nth_element 可以获取到序列中第 n 小的元素，但除该元素之外的其余元素仍然无序；partial_sort 则能实现部分(前 n 个元素)排序，与 nth_element 算法之间有差别。下面具体加以介绍。

1. sort 算法

sort 算法的定义形式如下所示：

```
template <class RandomAccessIterator, class Compare>
void sort ( RandomAccessIterator first,             //采用随机访问迭代器
    RandomAccessIterator last,                      //排序范围[first,last)
    //Compare comp);                                //比较函数，默认<
```

默认情况下，sort 算法将排序范围[first,last)内的元素按照升序(Ascending Order)排列，

元素之间采用 operator<运算符进行比较；也可用 comp 函数定义新的排序准则。sort 是不稳定的排序。stable_sort 算法可以实现稳定排序：排序前后，等值元素的相对位置关系不变。sort 算法采用随机访问迭代器(Random Access Iterator)访问元素。在通用容器中，vector，deque 支持随机访问迭代器。list 链表由于不支持随机访问，因而不能使用 sort 算法。若要对 list 进行排序，可以使用 list 的成员函数 sort。

2. partial_sort 算法和 partial_sort_copy 算法

STL 还提供了一个部分排序算法 partial_sort 以及 partial_sort_copy，其定义形式如下所示：

```
template <class RandomAccessIterator, class Compare>
void partial_sort (RandomAccessIterator first,          //处理范围[first,last)
RandomAccessIterator middle,                            //排序范围[first,middle)
                RandomAccessIterator last,
                // Compare comp);                      //比较函数，默认<
```

部分排序算法 partial_sort 是将整个序列[first,last) 中值最小的那部分元素按照递增序放置在[first,middle)中，而把其余元素无序地放置在[middle,last)区间中；可以通过 comp 二元谓词修改比较准则。partial_sort_copy 则将部分排序的结果拷贝到新的位置，原有序列[first,last)保持不变。

3. is_sorted 算法和 is_sorted_until 算法

虽然 is_sorted 和 is_sorted_until 两个算法名称很类似，但却有着较大的差别。is_sorted 的返回值是 bool 类型，用于表示序列范围[first,last)中的元素是否有序。is_sorted_until 的返回值是一个 Forward Iterator 型迭代器 Iterator，序列中[first,Iterator)部分元素是有序的，其余部分是无序的；若整个序列范围都有序，则算法返回 last。两个算法都允许通过二元谓词 comp 指定新的比较规则。

is_sorted 算法定义如下所示：

```
template <class ForwardIterator, class Compare>
bool is_sorted (ForwardIterator first, ForwardIterator last, Compare comp);
```

is_sorted_until 算法定义如下所示：

```
template <class ForwardIterator, class Compare>
ForwardIterator is_sorted_until (ForwardIterator first, ForwardIterator last, Compare comp);
```

例程 9-1 就上述排序类算法的基本用法及操作加以演示。

例程 9-1　排序类算法示例

```
#include <string>                    // For display(...)
#include <iostream>
#include <vector>
#include <algorithm>
//#include <ostream>
//#include <functional>              //谓词 greater<int>( )
using namespace std;
```

```
template<class T>                              //遍历输出容器元素
void  display(string name, T& container)
{ cout<<name;
  Typename T::iterator it=container.begin() ;
  while(it !=container.end())
      { cout<<*it ;  it++; }                   //元素是 Student 变量
  cout<<endl; }

struct Student                                 //结构体 Student 定义
{   string name;     int   grade;   };

// 自编二元谓词：系统有预定义谓词如：greater<int>( )
bool MyLess(const Student& e1, const Student& e2 )
{   return e1.grade < e2.grade; }              // stable_sort 要求 const

// 重载<操作符：排序算法用<作比较。
bool operator<(const Student& s1,   const Student& s2)
{ return s1.grade < s2.grade; }                // stable_sort 要求 const

// 重载流操作符，输出自定义类型的数据
ostream& operator <<(ostream& os, Student& s)
{   os<<s.name<<s.grade<<"";      return os;  }

int main()
{
  Student stu[]={
      {"赵", 70}, {"钱", 80}, {"孙", 60}, {"李", 90}, {"周", 70}, {"武", 75}};
  int size=sizeof(stu)/sizeof(Student);
  vector<Student> v1(stu, stu+size), v2(v1), v3(v1);
  display("源容器 v1=v2=v3:\n", v1);

  sort(v1.begin(), v1.end(), MyLess);                    //谓词版
  display("sort<v1>:\n", v1);

  stable_sort(v2.begin(), v2.end());                     //<重载版
  display("stable_sort<v2>:\n", v2);

  partial_sort(v3.begin(), v3.begin()+2, v3.end());      //部分排序
  display("partial_sort<v3, 最小 2 个>:\n", v3);
```

```
    if(is_sorted(v3.begin(), v3.end())==false)          //验证是否排序
        cout<<"v3: 整体未排序"<<endl;

    vector<Student>::iterator it;
    it=is_sorted_until(v3.begin(), v3.end());           //部分排序范围
    cout<<"v3: 前"<<it-v3.begin()<<"个有序\n";
    system("pause");
}
```

程序输出：

```
C:\C++ STL\示例程序代码\chapter09\9-1排序 sort.e...
源容器v1=v2=v3:
赵70 钱80 孙60 李90 周70 武75
sort<v1>:
孙60 赵70 周70 武75 钱80 李90
stable_sort<v2>:
孙60 赵70 周70 武75 钱80 李90
partial_sort<v3,最小2个>:
孙60 赵70 钱80 李90 周70 武75
v3: 整体未排序
v3: 前4个有序
```

例程 9-1 对自定义的结构体 Student 元素进行了排序，在排序过程中默认采用<运算符对 Student 元素进行比较，因此在代码中重载了 operator<操作符。虽然使用二元谓词 Myless 也能达到一样的效果，但在本例中，显然重载操作符的做法更加简便高效。因为在 partial_sort、is_sorted 和 is_sorted_until 算法调用中，都需要用到 operator<操作。此外，代码中对流操作符的重载也使得输出 Student 对象变得更容易。

9.2　第 n 位的元素算法 nth_element

nth_element 算法顾名思义是要取得排序后位于第 n 位的元素，算法定义如下所示：

```
template <class RandomAccessIterator, class Compare>
void nth_element (RandomAccessIterator first,        //随机访问迭代器，处理区间[first,last)
                  RandomAccessIterator nth,          //第 n 小的元素
                  RandomAccessIterator last,
                  Compare comp);                     //定制比较规则，可省略；默认<
```

nth_element 算法并不返回第 n 小的元素，而是将第 n 小的元素放置在容器中第 n 个位置 nth，使得位于 nth 之前的元素都小于等于*nth_element，而位于 nth_element 之后的元素都大于等于*nth_element。除此之外，位于 nth 之前和之后的元素集合都是无序的。

看起来 nth_element 算法与之前介绍的 partial_sort 算法和第八章的分区算法 partition 有近似的地方。如图 9-1 所示，这三个算法都能将序列范围分成两个子区，中间的分裂点 S 对应 nth_element 的 nth、partial_sort 算法的 middle 以及 partition 算法中的返回值迭代器(表

示两组元素之间的边界)。再看看左子区，nth_element 左子区的元素内部无序，但都小于等于*nth_element；partial_sort 的左子区[first,middle)满足递增序；partition 算法的左子区都满足某一谓词条件，但内部是无序的。最后看看右子区，三个算法的右子区内部都是无序的且右子区元素都满足某一谓词条件或者都大于等于分裂点 S 的值。

图 9-1　nth_element、partial_sort 与 partition 算法的功能示意图

例程 9-2 给出了 nth_element 算法的基本用法。要注意的是自编二元谓词 UDgreater 用>比较替换默认的<比较，因此位于 nth 的元素是第 n 大的元素。

例程 9-2　nth_element 算法示例

```
#include <iostream>
#include <string>
#include <vector>
#include <algorithm>
#include <functional>                              //系统预定义谓词 greater<int>()
using namespace std;

template<class T>                                  //遍历输出容器元素
void  display(string name, T& container)
{
   cout<<name;
   typename T::iterator it ;
   for(it=container.begin();  it !=container.end();  it++)
        cout<<*it<<"";
   cout<<endl;
}

bool UDgreater(int elem1, int elem2)               //自编二元谓词，用>替换默认的<
{ return elem1>elem2; }

int main()
{
   int a[]={2, 3, 6, 5, 3, 4, 1};
   int size=sizeof(a)/sizeof(int);
```

```
    vector<int> v1(a, a+size), v2(v1), v3=v2;
    display("v1=v2=v3:", v1);
    nth_element(v1.begin(), v1.begin()+1, v1.end());
                                    //下标 1 处为元素值第 2 小的元素
    display("v1<min1>:       ", v1);
    nth_element(v2.begin(), v2.begin()+2, v2.end());
                                    //下标 2 处为元素值第 3 小的元素
    display("v2<min2>:       ", v2);
    nth_element(v3.begin(), v3.begin()+3, v3.end());
                                    //下标 3 处为元素值第 4 小的元素
    display("v3<min3>:       ", v3);
    random_shuffle(v1.begin(), v1.end());        //打乱 v1 的排列顺序
    display("shuffle<v1>:", v1);
    nth_element(v1.begin(), v1.begin()+2, v1.end(), UDgreater);
                        //自编谓词 UDgreater，下标 2 处为元素值第 3 大的元素
    display("v1<max2>:       ", v1);

    random_shuffle(v1.begin(), v1.end());        //再次打乱 v1 的排列顺序
    display("shuffle<v1>:", v1);
    nth_element(v1.begin(), v1.begin()+4, v1.end(), greater<int>());
                        //预定义谓词 greater<int>下标 4 处为元素值第 5 大的元素
    display("v1<max4>:       ", v1);
    system("pause");
}
```

程序输出：

```
C:\C++ STL\示例程序代码\chapter09\9-2第n小元素 ...
v1=v2=v3: 2 3 6 5 3 4 1
v1<min1>:     1 2 3 3 5 4 6
v2<min2>:     2 1 3 3 5 4 6
v3<min3>:     2 1 3 3 5 4 6
shuffle<v1>: 5 2 6 3 1 4 3
v1<max2>:     6 5 4 3 3 1 2
shuffle<v1>: 4 6 3 5 3 2 1
v1<max4>:     5 6 3 4 3 2 1
```

9.3　二分搜索算法 binary_search

之所以将二分搜索算法放到本章排序相关算法中加以介绍的原因是，二分搜索算法需要运行在有序序列上。也就是说，只有当搜索范围内的元素有序了，才能进行二分搜索。二分搜索是典型的分治算法，其查找效率非常高。

二分搜索算法的定义形式如下所示：

```
template <class ForwardIterator, class T, class Compare>
bool binary_search (ForwardIterator first, ForwardIterator last,    //[first,last)搜索范围
                    const T& val,                                    //val 搜索关键值
                    Compare comp);                                   //二元谓词，可省略，默认<
```

binary_search 算法在搜索范围[first,last)中搜索特定值 val。若找到与 val 相等(或满足二元谓词条件)的元素，则返回 true，否则返回 false。令人费解的是，既然算法的目的是搜索目标值，但为何不返回找到的元素位置，而是仅返回一个 bool 值呢？这主要是因为在搜索范围内，可能有不止一个元素值与目标值相等，那么搜索结果就不是一个位置，而是一个范围。要表征这个搜索结果范围，需要知道其下界(lower_bound)与上界(upper_bound)，或者直接使用一个 equal_range 来表示与搜索目标值等值的范围。细心的读者已经发现，这里提到的表示搜索范围的方法已经被 STL 定义成了同名的通用算法，例如：

lower_bound 算法的定义形式如下：

```
template <class ForwardIterator, class T, class Compare>
ForwardIterator lower_bound (ForwardIterator first, ForwardIterator last,
                             const T& val, Compare comp);
```

lower_bound 算法参数的含义与 binary_search 算法的含义相同，返回值不再是 bool 值，而是前向迭代器(Forward Iterator)，对应搜索范围中第一个“>=val”的元素位置(元素默认升序)，也就是搜索结果的下界。类似地，upper_bound 算法的参数含义与 lower_bound 算法相同，返回搜索范围内第一个“>val”的元素位置，也就是搜索结果的上界，如图 9-2 所示。

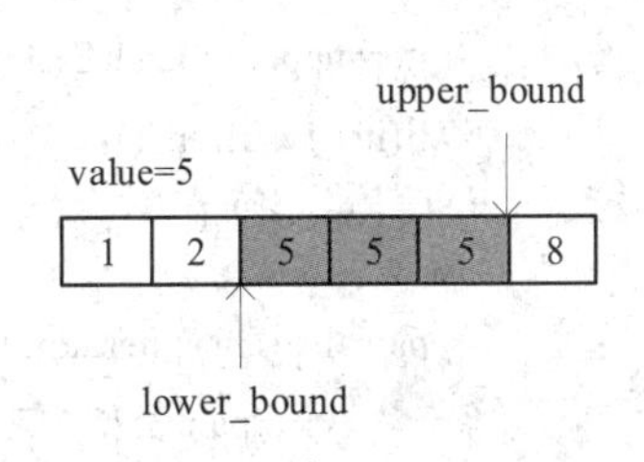

图 9-2　搜索结果范围的下界与上界示意图

若要一次返回上界和下界，则需要将上界和下界构成一个结构体 pair。算法 equal_range 就利用 pair 来获得元素范围，其定义形式如下：

equal_range 算法的定义形式如下:

```
template <class ForwardIterator, class T, class Compare>
pair<ForwardIterator, ForwardIterator>          //返回值是一个 pair 类型
equal_range (ForwardIterator first, ForwardIterator last, const T& val,Compare comp);
```

返回值 pair 中包含 first 和 second 两个成员，分别对应于特定等值的下界与上界。equal_range 算法的参数含义和用法与上述的二分查找算法相同，此处不再赘述。下面通过例程 9-3 来说明二分搜索及相关算法的用法。

例程 9-3　二分搜索相关算法示例

```
#include <algorithm>
#include <list>
#include <string>
```

```
#include <iostream>
void main()
{
    int a[]={1, 4, 2, 2, 4, 3, 4, 3, 4, 3};
    int size=sizeof(a)/sizeof(int);
    list<int> L1(a, a+size);
    L1.sort();                                          // list 的成员函数 sort 实现排序
    display("排序 L1:", L1);

    bool Exist;
    Exist=binary_search(L1.begin(), L1.end(),5);        //到 L1 中搜索 5
    cout<<"L1=5 的元素: "<<(Exist?"有":"没")<<endl;

    list<int>::iterator iter;
    iter=lower_bound(L1.begin(), L1.end(),2);           //返回搜索 2 的结果下界
    if(iter != L1.end())
        cout<<"L1 中首个 2 的前一个: "<<*--iter<<endl;
            //L1 中有多个 2，输出首个 2 的前一个才能看出下界究竟是在何处

    iter=upper_bound(L1.begin(), L1.end(),3);           //搜索 3 的结果上界
    if(iter != L1.end())
      cout<<"L1 中最后 3 的后一个: "<<*++iter<<endl;

    pair<list<int>::iterator, list<int>::iterator> p_it;
            //pair 类型的对象 p_it，注意迭代器的写法
    p_it=equal_range(L1.begin(), L1.end(), 4);
    if(p_it.first != L1.end())
    {
      cout<<"L1=4 的元素个数: ";
      cout<<distance(p_it.first, p_it.second)<<endl;
      //cout<<p_it.second-p_it.first<<endl;   //error
    }
    system("pause");
}
```

程序输出：

```
C:\C++ STL\示例程序代码\chapter09\9-3 二分搜索...
排序L1: 1 2 2 3 3 3 4 4 4 4
L1=5的元素: 没
L1中首个2的前一个: 1
L1中最后3的后一个: 4
L1=4的元素个数: 4
```

9.4　有序集操作算法

所谓有序集(sorted ranges)，是指集合(区间)内部的元素依照元素值排序(sorted)。默认用于元素之间比较的操作是运算符<，可得到一个按元素值递增排列的有序集；也可以通过定制二元谓词的方法改变比较操作，得到不同的有序集。相比于普通集合，由于有序集合内的元素依序排列，因此在进行集合操作时的效率更高。

有序集操作算法主要包括归并排序算法(merge 和 inplace_merge)集合(set)操作算法(子集判断算法 includes、求并集算法 set_union、求交集算法 set_intersection、求差集算法 set_difference 和求对称差集算法 set_symmetric_difference)。下面逐一对上述算法进行介绍。

1. 归并排序算法 merge

归并排序运用分治法的思想，首先是分解：将待排序的元素集合一分为二，得到两个子集，再对每个子集递归拆分，直到子集只有一个元素；然后进行合并：将有序的子集两两合并成一个更大的有序子集，直到将所有的元素排序完成，如图 9-3 所示。

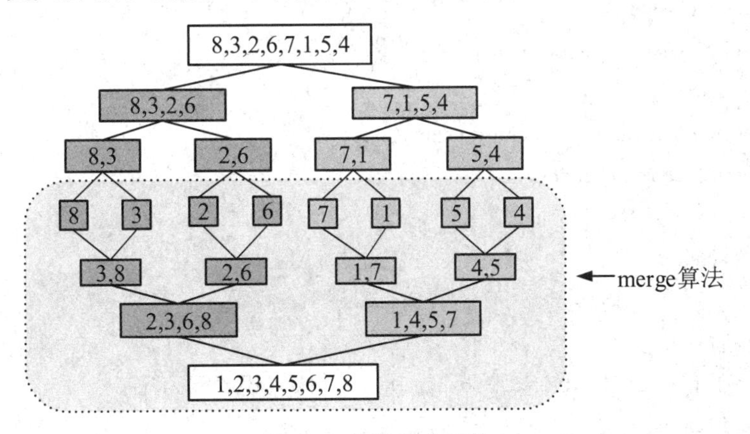

图 9-3　归并算法原理

图 9-3 的方框内展示了 merge 算法的操作过程，由于分解后的子集只包含一个元素，因此每个子集都是有序的。merge 算法用于将两个有序子集合并成一个更大的子集，其定义形式如下所示：

```
template <class InputIterator1, class InputIterator2, class OutputIterator, class Compare>
OutputIterator merge (InputIterator1 first1, InputIterator1 last1,          //第一个有序区间
                      InputIterator2 first2, InputIterator2 last2,          //第二个有序区间
                      OutputIterator result,                                //合并后的有序区间
                       Compare comp);                  //自编谓词，比较规则，可省略
```

merge 是稳定的算法。此外，两个有序区间还要求其排序方式相同(同为递增序或同为递减序)。inplace_merge 也是归并排序算法，只不过用于同一区间中的两个子区间，其定义形式如下所示：

```
template <class BidirectionalIterator, class Compare>
void inplace_merge (BidirectionalIterator first,          //待合并的区间[first,last)
```

```
                BidirectionalIterator middle,       //第一个子区间[first,middle)
                BidirectionalIterator last,         //第二个子区间[middle,last)
                Compare comp);                      //二元谓词，比较规则，可省略
```

Inplace_merge 算法的第二个参数 middle 将区间[first,last)分成了两个子区间[first,middle)和[middle,last)，这两个子区间内部也必须是有序的。下面通过例程 9-4 说明 merge 算法和 inplace_merge 算法的基本用法。

例程 9-4　归并排序算法示例

```
#include <iostream>
#include <string>                                   //For display(...)
#include <vector>
#include <algorithm>
#include <functional>                               //系统谓词 greater<int>()
using namespace std ;

template<class T>
void   display(string name, T container)
{ cout<<name;
  typename T::iterator it=container.begin() ;
  while(it !=container.end())
       { cout<<*it<<"" ;   it++; }
  cout<<endl; }

void main()
{   int a[]={1, 3, 5, 7},   b[]={2, 3, 6, 8}, c[8];      //a,b 数组均为升序
    vector<int>v;
    //merge(a, a+4, b, b+4, v);                       //error
    merge(a, a+4, b, b+4, c);                         //归并 a，b 到 c
    display("c:", vector<int>(c, c+8));               //构造无名容器
    sort(a, a+4,   greater<int>());
    display("a:", vector<int>(a, a+4));
    sort(b, b+4, greater<int>());
    display("b:", vector<int>(b, b+4));
    merge(a, a+4, b, b+4, c, greater<int>());         //greater<int>递减序
    display("c:", vector<int>(c, c+8));
    int d[]={2, 3, 4, 8, 2, 4, 6, 8 };
    v=vector<int>(d, d+8);                            //构造无名容器，用于赋值
    display("v:", v);
```

```
    inplace_merge(v.begin(), v.begin()+4, v.end());
    // v 的前 4 个元素为递增序，后 4 个序列也是递增序，合并后整体有序
    display("v:", v);   system("pause");
}
```

程序输出：

```
C:\C++ STL\示例程序代码\chapter09\9-4 合并排序 ...
c: 1 2 3 3 5 6 7 8
a: 7 5 3 1
b: 8 6 3 2
c: 8 7 6 5 3 3 2 1
v: 2 3 4 8 2 4 6 8
v: 2 2 3 4 4 6 8 8
```

需要注意的是，在例程 9-4display 函数的参数部分，类型参数 T 之后并没有用&来表示对容器的引用，这是因为在 main 函数中，display 的实参是无名容器。这些无名容器就像临时变量一样，随时可能被释放掉，因此在 C++编译器中对这样的无名容器的引用会报错。例程中的 inplace_merge(v.begin(), v.begin()+4, v.end()) 算法以其中第二个参数 v.begin()+4 作为分界点，将 v 中的前 4 个元素(递增序)和后 4 个元素(递增序)进行合并，得到的结果是整体有序的。

2. 子集判断算法 includes

includes 算法用于判断有序集 S1 是否包含有序集 S2 中的所有元素，前提是 S1 和 S2 的排序规则要一致(都是默认的<或者都是同一个二元谓词所定义的比较规则)。includes 算法的定义形式如下所示：

```
template <class InputIterator1, class InputIterator2, class Compare>
bool includes ( InputIterator1 first1, InputIterator1 last1,        //有序集 S1
                InputIterator2 first2, InputIterator2 last2,        //有序集 S2
                Compare comp );                                     //排序规则，缺省：<
```

算法在 S1 包含 S2 的情况下返回 true，否则返回 false。

3. 求并集算法 set_union

set_union 算法用于将两个有序区间内的元素联合到一个目标区间中去，等同于求并集操作 S1∪S2。由于集合内元素允许重复，若某元素在 S1 中出现 n 次，在 S2 中出现 m 次，则在并集中将会出现 max(n,m)次。set_union 算法的定义形式如下所示：

```
template <class InputIterator1, class InputIterator2, class OutputIterator, class Compare>
OutputIterator set_union (InputIterator1 first1, InputIterator1 last1,      //有序集 S1
                          InputIterator2 first2, InputIterator2 last2,      //有序集 S2
                          OutputIterator result,                            //求并集结果
                          Compare comp);                                    //排序规则，缺省：<
```

4. 求交集算法 set_intersection

set_intersection 算法选取同时属于有序集 S1 和有序集 S2 的元素，即 S1∩S2，并将结

果保存在目标区间(交集)中。对于重复元素，若某元素在 S1 中出现 n 次，在 S2 中出现 m 次，则该元素在交集中出现 min(n,m)次。set_intersection 算法的定义形式如下所示：

```
template <class InputIterator1, class InputIterator2, class OutputIterator, class Compare>
OutputIterator set_intersection (InputIterator1 first1, InputIterator1 last1,        //有序集 S1
                                 InputIterator2 first2, InputIterator2 last2,        //有序集 S2
                                 OutputIterator result,                              //求交集结果
                                 Compare comp);                                      //排序规则，缺省：<
```

5. 求差集算法 set_difference

差集是指由那些出现在集合 S1 中但却不在集合 S2 中的元素所构成的集合(present in the first set, but not in the second one)。set_difference 算法用于求取两个有序集 S1 和 S2 的差集 S1-S2。对于重复元素，若某元素在 S1 中出现 n 次，在 S2 中出现 m 次，则该元素在差集中出现 max(n-m,0)次。也就是说，若 n<m，则该元素在差集中将不会出现。set_defference 算法的定义形式如下：

```
template <class InputIterator1, class InputIterator2, class OutputIterator, class Compare>
OutputIterator set_difference (InputIterator1 first1, InputIterator1 last1,    //有序集 S1
                               InputIterator2 first2, InputIterator2 last2,    //有序集 S2
                               OutputIterator result,                          //求差集结果
                               Compare comp);                                  //排序规则，缺省：<
```

6. 求对称差集算法 set_symmetric_difference

对称差集是指在两个集合中那些只出现在其中一个集合，没有出现在另一个集合中的元素(belong to one, but not both)，它等于将两个集合的差集联合起来的结果(S2-S1)∪(S2-S1)。对于重复元素，若某元素在 S1 中出现 n 次，在 S2 中出现 m 次，则其在对称差中出现 n−m 次。set_symmetric_difference 算法的定义形式如下，其参数含义与其他有序集操作算法相同：

```
template <class InputIterator1, class InputIterator2, class OutputIterator, class Compare>
OutputIterator set_symmetric_difference (InputIterator1 first1, InputIterator1 last1,
                                         InputIterator2 first2, InputIterator2 last2,
                                         OutputIterator result, Compare comp);
```

下面通过例程 9-5 说明上述有序集操作相关系列算法的用法。

例程 9-5　有序集操作算法示例

```
#include <iostream>
#include <string>                    // For: ShowArray
#include <algorithm>
#include <iterator>                  // For: ostream_iterator<>
using namespace std ;

template<class T>                    //输出数组元素
void ShowArray(string name, T* arr, int n)
```

```
{
    cout<<name;
    copy(arr,arr+n, ostream_iterator<T>(cout, ""));
    cout<<endl;
}

inline bool lt_nocase(char c1, char c2)
{
    return    toupper(c1)<toupper(c2);                        //字符比较，忽略大小写
}
int main()
{
    int a1[]={2, 3, 3, 3, 5},             N1=sizeof(a1)/sizeof(int);
    int a2[]={1, 2, 2, 3, 3, 7},          N2=sizeof(a2)/sizeof(int);
    char a3[]={'a', 'b', 'b', 'b', 'E'},          N3=sizeof(a3);
    char a4[]={'A', 'A', 'B', 'B', 'e', 'H'},       N4=sizeof(a4);
    ShowArray("a1:", a1, N1);
    ShowArray("a2:", a2, N2);
    ShowArray("a3:", a3, N3);
    ShowArray("a4:", a4, N4);
    cout<<"includes(a2, a1)? ";
    cout<<(includes(a2, a2+N2, a1, a1+N1)? "Y":"N");           // a2 是否包含 a1
    cout<<endl<<"union(a3, a4):"<<endl;                         // a3, a4 的并集
    ostream_iterator<char> os_c(cout, "");                      //输出：流迭代器
    set_union(a3, a3+N3, a4, a4+N4, os_c, lt_nocase);
    // a3 和 a4 的并集，结果交给 os_c 直接输出，忽略字符大小写
    cout<<endl<<"union(a4, a3):"<<endl;
    set_union(a4, a4+N4, a3, a3+N3, os_c, lt_nocase);
    // a4 和 a3 的并集，对于重复元素的处理不同，导致与 union(a3, a4)结果不同
    cout<<endl<<"intersection(a3,a4):"<<endl;
    set_intersection(a3, a3+N3, a4, a4+N4, os_c, lt_nocase);    //交集
    cout<<endl<<"intersection(a4, a3):"<<endl;
    set_intersection(a4, a4+N4, a3, a3+N3, os_c, lt_nocase);
    cout<<endl<<"difference(a1, a2):"<<endl;
    ostream_iterator<int>       os_i(cout,"");
    set_difference(a1, a1+N1, a2, a2+N2, os_i);                 //差集
    cout<<endl<<"difference(a2, a1):"<<endl;
    set_difference(a2, a2+N2, a1, a1+N1, os_i);
    cout<<endl<<"symmetric(a1, a2):"<<endl;
```

```
        set_symmetric_difference(a1, a1+N1, a2, a2+N2, os_i); //对称差集
        cout<<endl<<"symmetric(a2, a1):"<<endl;
        set_symmetric_difference(a2, a2+N2, a1, a1+N1, os_i);
        cout<<endl;
        system("pause");
    }
```

程序输出：

```
C:\C++ STL\示例程序代码\chapter09\9-5 有序集合...
a1: 2 3 3 3 5
a2: 1 2 2 3 3 7
a3: a b b b E
a4: A A B B e H
includes(a2,a1)? N
union(a3,a4):
a A b b b E H
union(a4,a3):
A A B B b e H
intersection(a3,a4):
a b b E
intersection(a4,a3):
A B B e
difference(a1,a2):
3 5
difference(a2,a1):
1 2 7
symmetric(a1,a2):
1 2 3 5 7
symmetric(a2,a1):
1 2 3 5 7
```

读者可以对比例程 9-5 的输出结果与源码对有序集的操作算法，特别需要注意在多个集合中存在多个相同元素的集合运算。例如 union(a3,a4)将 a3 与 a4 集合进行联合，a3 中有一个 a，而 a4 中有两个 A A。由于比较函数 lt_nocase 忽略了字母大小写的差异，因此小写 a 与大写 A 是“等值”的，在结果中保留了 a3 的第一个小写 a 以及 a4 中的第二个大写 A；同理，后续的 E 与 e 等值，结果中保留了 a3 中的大写 E。可以看到在面对两个集合中都有的元素时，set_union 算法会优先保留第一个集合中的元素，去掉第二个集合中的重复元素，因此也就不难理解交集 intersection(a3,a4)与 intersection(a4,a3)的结果为何不同了。

本 章 小 结

本章所讨论的算法都围绕着“有序”这个关键词进行介绍。首先介绍了如何使元素变有序的方法，即 sort 和 partial_sort 排序算法。排序算法需要随机访问迭代器提供随机访问功能，因此在标准容器中，vector 和 deque 支持 sort 算法；list 则具有自己的排序算法，并以成员函数的形式提供；merge 和 inplace_merge 都在子区间有序的基础上进行归并，从而得到一个更大的有序区间；nth_element 用于求取元素集中第 n 位的元素，要注意与 partial_sort 算法的差别。接下来介绍了在有序集上进行的二分搜索类操作，包括二分搜索

算法 binary_search、搜索下界与上界函数 lower_bound/upper_bound 和等值范围算法 equal_range。由于先将元素值有序，因此二分搜索算法的运算效率很高。最后介绍了有序集操作的相关算法，包括 includes、set_union、set_intersection、set_difference 和 set_symmetric_difference，这里的 set 代表有序集。

课 后 习 题

一、概念理解题

1. 排序算法 sort 对迭代器有什么要求？为什么对于 list 容器来说，通用算法 sort 不可用？list 容器元素又是通过什么方法来排序的？

2. 什么是排序的稳定性？sort 算法和 stable_sort 算法之间有何差异？

3. 请比较 nth_element 算法与前一章所介绍的 partition 算法之间的差异。

4. 为什么在进行二分查找前要先将元素进行排序？二分查找的时间效率是多少？

5. 通用算法 lower_bound、upper_bound 和 equal_range 的名称和功能都跟 set 容器的成员函数相同，而顺序容器 vector、list 和 deque 中则没有这样的成员函数，STL 这样设计的目的是什么？

6. 对本章所介绍的排序算法：

(1) 若需对 vector、string、deque 或 array 容器进行全排序，可选择哪些排序算法？

(2) 若只需对 vector、string、deque 或 array 容器中取得排名为前 n 的元素，选择哪个算法最好？

(3) 若对于 vector、string、deque 或 array 容器，需要找到第 n 个位置的元素或者需要得到排名为前 n 的元素(对元素内部顺序不作要求)，最佳算法是？

(4) 若你需要从标准序列容器或者 array 中把满足某个条件或者不满足某个条件的元素分开，最好采用哪些算法？

(5) 若使用 list 容器，你可以使用哪些排序算法？

二、上机练习题

1. 理解本章所有例题并上机练习，回答提出的问题并说明理由。

2. 编写程序，随机产生 200 个 70～100 之间的整数作为成绩数据，统计并输出平均分；然后将成绩进行排序，输出出现频率最高的成绩及其范围。

3. 从文件 sales.txt(自建，形如表 9.1 所示)中读取若干商品数据，分别按照由低到高和由高到低的顺序显示这些商品，输出最高和最低价格以及价格总和。

表 9.1　商品数据

商品编号	商品名称	商品单价	商品产地	商品数量
2019001	红枣	30	山东	5
2019002	酸奶	8	内蒙古	40

4. 从文件中读取学生成绩信息，然后编程实现学生成绩信息查询功能，主要包括如下功能：

(1) 依据学生学号查询并输出对应学生的姓名、课程及成绩。

(2) 按照学生成绩升序排列并输出结果。

(3) 查询并输出综合平均成绩最高的前 5 名同学的学号、姓名及综合平均成绩

5. STL 的集合操作算法都有哪些？阅读下列程序代码，其功能是什么？等价于哪一个集合操作算法？

```
template <class InputIterator1, class InputIterator2, class OutputIterator>
OutputIterator set_____________ (InputIterator1 first1, InputIterator1 last1,
                                  InputIterator2 first2, InputIterator2 last2,
                                  OutputIterator result)
{
   while (first1!=last1 && first2!=last2)
   {
      if (*first1<*first2) { *result = *first1; ++result; ++first1; }
      else if (*first2<*first1) ++first2;
      else { ++first1; ++first2; }
   }
   return std::copy(first1,last1,result);
}
```

6. 阅读下列程序，写出程序输出结果并上机验证。

```
#include <iostream>       // std::cout
#include <algorithm>      // std::set_difference, std::sort
#include <vector>         // std::vector
using namespace std;
template<class T>
void display(T container)
{
    typename T::iterator it=container.begin();
    while(it!=container.end())
    {
        cout<<*it++<<"";
    }
    cout<<endl;
}
int main () {
   int first[] = {5, 10, 15, 15, 20, 25, 30, 30};
   int second[] = {50, 40, 30, 20, 20, 10, 10, 5};
   vector<int> v1(16), v2(16), v3(16), v4(16);
```

```
    vector<int>::iterator itsu,itsi,itsd,itssd;

    sort (first,first+8);
    sort (second,second+8);
    itsu=set_union(first, first+8, second, second+8, v1.begin());
    itsi=set_intersection(first, first+8, second, second+8, v2.begin());
    itsd=set_difference (first, first+8, second, second+8, v3.begin());
    itssd=set_symmetric_difference(first, first+8, second, second+8, v4.begin());

    v1.resize(itsu-v1.begin());
    v2.resize(itsi-v2.begin());
    v3.resize(itsd-v3.begin());
    v4.resize(itssd-v4.begin());

    cout <<"The union has "<< (v1.size()) <<" elements:\n";
     display(v1);
    cout <<"The intersection has "<< (v2.size()) <<" elements:\n";
     display(v2);
    cout <<"The difference has "<< (v3.size()) <<" elements:\n";
     display(v3);
    cout <<"The symmetric_difference has "<< (v4.size()) <<" elements:\n";
     display(v4);
    return 0;
}
```

第十章　STL 数值算法相关

在编程实践中经常用到数值计算的问题，C++ STL 提供了专门的数值算法。这些算法定义在头文件<numeric>中，可用于计算累加和、序列和、内积与相邻差。此外，STL 还设计了专门用于数值计算的类——数值数组类 valarray。数值数组类中对大量运算符进行了重载，使这些运算符不再局限于单个数据元素之间的运算，而是扩展到数组整体的运算中；同时 valarray 还提供了多个成员函数，用以实现各类操作。STL 在头文件<functional>中定义的一系列类模板通过重载函数运算符 operator()使得其对象具备与函数类似的语法功能，能够作为通用算法的谓词或比较函数使用。这些预定义函数对象包括常用的算术类运算、比较类运算以及逻辑类运算，依照其参数个数又分为一元和二元函数对象。灵活使用这些系统函数对象有助于提高程序的灵活性，减少编程的工作量。

本章主要内容

- ➢ STL 数值算法；
- ➢ 预定义函数对象；
- ➢ 数值数组类 valarray。

10.1　数 值 算 法

在头文件<numeric>中，C++定义了一组与数值计算相关的算法，用于数值序列(sequences of numeric values)的计算。出于通用与灵活性的考虑，这些算法也能应用到非数值序列的计算中。数值类算法共有 5 个，如表 10.1 所示。

表 10.1　数 值 算 法

数值算法	功　能
iota	递增填充数值到序列中
accumulate	计算并返回序列累加和
partial_sum	计算并返回部分序列和
inner_product	计算并返回内积
adjacent_difference	计算并返回相邻差

接下来，我们对每一个数值算法的定义形式与详细功能进行阐述。

1. 递增填充算法 iota

iota 算法是 C++11 中新增的算法，用于向区间[first,last)填充一组递增的序列，这组序列的初值为val。iota的定义形式如下所示：

```
template <class ForwardIterator, class T>
void iota (ForwardIterator first, ForwardIterator last, T val);
```

iota算法的操作比较简单，first和last表示填充的区间，val表示填充的初始值。每次填充一个数据之后，将会执行自增运算val++，然后再填充新的val值。需要注意的是，类型参数T可以根据调用时的实参进行推导，但T类型必须要能支持operator++()。

2. 累加和算法accumulate

accumulate算法用于计算指定区间的元素累加和，其定义形式如下所示：

```
template <class InputIterator, class T, class Binary Operation>
T accumulate (InputIterator first, InputIterator last,          //求和区间[first,last)
T init, //求和初值，不可省略，决定了返回值的类型并参与运算
                    Binary Operation binary_op);                //定制运算，缺省：加法
```

算法调用类型T的加法运算(operator+())将[first,last)区间的元素进行累加，再加上初值init，最后返回累加结果。其中求和初值不可省略，它决定了返回值的类型。此外可以自定义二元函数对象binary_op改变计算方式，替换默认的加法运算。

3. 序列和算法partial_sum

partial_sum算法用于计算序列的部分和，并将结果保存在result中；其定义形式如下所示：

```
template <class InputIterator, class OutputIterator, class Binary Operation>
OutputIterator partial_sum (InputIterator first, InputIterator last,          //计算区间
OutputIterator result, Binary Operation binary_op);
//目标区间：序列部分和定制运算，缺省：加法
```

什么是序列的部分和？假定有一组数字记录了某商店一周当中每天的营业额(x_0, x_1, x_2, x_3，x_4，x_5，x_6)，存放在[first,last)区间中，那么要计算截至某一天的累计营业额就可以使用partial_sum算法，在目标区间中所存放的就是部分和的结果，(y_0, y_1, y_2, y_3, y_4, y_5, y_6)与计算区间的值有着下列关系：

```
y0= x0                          // y0 第一天的累计营业额
y1= x0 + x1                     // y1 第二天的累计营业额等于前两天的营业额之和
y2= x0 + x1 + x2                // y2 第三天的累计营业额等于前三天的营业额之和
yi= x0 + x1 + x2 + x3...... xi-1   // yi 第i天的累计营业额等于前i天的营业额之和
```

因此，序列的部分和就是输入序列的前i个元素之和。partial_sum将前i个元素的部分序列和写入到result的第i个元素中。

4. 计算内积算法inner_product

在数学上，向量的内积是指将向量的各分量对应相乘之后再累加的结果。n维向量可以用一个包含n个元素的区间来表示(每个元素对应n维向量中的其中一维)。计算内积的inner_product的定义形式如下所示：

```
template <class InputIterator1, class InputIterator2, class T,
class Binary Operation1, class Binary Operation2>
```

```
T inner_product (InputIterator1 first1, InputIterator1 last1,    // range：向量 A=(a1, a2, a3, …, an)
                 InputIterator2 first2,                          //range：向量 B=(b1, b2, b3, …, bn)
                 T init,                                         //初值，决定返回值类型并参与计算
                 BinaryOperation1 binary_op1,                    //自定义运算，缺省：+
                 BinaryOperation2 binary_op2);                   //自定义运算，缺省：*
```

算法计算向量 A 与向量 B 的内积并加上初值后返回结果 result，其中：

$$result = init + (a_1*b_1) + (a_2*b_2) + \cdots + (a_n*b_n)$$

5. 计算相邻差算法 adjacent_difference

adjacent_difference 算法用于计算输入范围中相邻元素之间的差值(后一个元素值–前一个元素值)，并将结果保存在 result 表示的目标区域中。算法的定义形式如下：

```
template <class InputIterator, class OutputIterator, class BinaryOperation>
OutputIterator adjacent_difference ( InputIterator first, InputIterator last,    //输入区间
OutputIterator result,                                                            //目标区间，相邻差
BinaryOperation binary_op );                                                      //自定义运算，缺省：-
```

adjacent_difference 算法也能用在前述的商店营业额的计算中，用后一天的营业额减去前一天的营业额就得到相邻差，可反映商店每天营业额的变化情况。

下面通过例程 10-1 来说明五个数值算法的用法及功能。

例程 10-1　数值算法示例

```
#include <iostream>
#include <string>            // ShowArray
#include <algorithm>
#include <functional>        //系统定义的函数对象
#include <numeric>           //数值算法
#include <iterator>
using namespace std ;
template<class T>
void ShowArray(string name, T* arr, int n)
{
    cout<<name;
    copy(arr,arr+n, ostream_iterator<T>(cout, ""));
    cout<<endl;
}
int main()
{
    const int N1=4, N2=4, N3=4;
    int a1[N1], a2[N2], a3[N3];
    iota(a1, a1+N1, 3);                              //序列初值：3
    iota(a2, a2+N2, 1);                              //序列初值：1
```

```
    ShowArray("递增填充 a1:", a1, N1);
    ShowArray("递增填充 a2:", a2, N2);
    cout<<"累加和(a1, -2, +)= "<<accumulate(a1, a1+N1, -2)<<endl;
    cout<<"累加和(a2, -2, *)="<< accumulate(a2, a2+N2, -2, multiplies<int>());
    cout<<endl<<"序列和(a2→cout,+)=\n";
    partial_sum(a2, a2+N2, ostream_iterator<int>(cout,""));          //结果保存到输出流
    cout<<endl;
    partial_sum(a2, a2+N2, a3, minus<int>());                        //输出到 a3
    ShowArray("序列和(a2→a3, -)=\n", a3, N3);
    cout<<"内积(a1 • a2)= "<<
            inner_product(a1,a1+N1,a2,0)<<endl;
    cout<<"内积(a2 • a2)= "<<
            inner_product(a2,a2+N2,a2,0)<<endl;
    adjacent_difference(a1, a1+N1, a3);
    ShowArray("相邻差(a1→a3, -)=\n", a3, N3);
    adjacent_difference(a1, a1+N1, a3, plus<int>());
    ShowArray("相邻差(a1→a3,+)=\n", a3, N3);
    system("pause");
}
```

程序输出：

```
C:\C++ STL\示例程序代码\chapter10\10-1 5个数值...
递增填充a1: 3 4 5 6
递增填充a2: 1 2 3 4
累加和(a1, -2, +)= 16
累加和(a2, -2, *)=-48
序列和(a2→cout, +)=
1 3 6 10
序列和(a2→a3, -)=
1 -1 -4 -8
内积(a1 • a2)= 50
内积(a2 • a2)= 30
相邻差(a1→a3, -)=
3 1 1 1
相邻差(a1→a3, +)=
3 7 9 11
```

例程 10-1 首先通过 iota 算法构建了 a1 和 a2 两个相同大小的数组，然后调用累加和算法 accumulate 计算两个序列的元素累加和，其中在计算 a2 的累加和时用系统预定义的函数对象 multiplies<int>(乘法)替换了默认的加法运算，得到累乘的结果。序列和 partial_sum 的运算结果分别输出到输出流以及 a3 中，预定义函数对象 minus<int>将序列求和改为计算序列差。内积的计算比较简单，相邻差的计算则用预定义的函数对象 plus<int>(加法)替换了默认的减法运算。

虽然本例中用到的数据都是整数，但数值算法本身是泛型的算法，在实际使用中完全可以用自定义的数据类型替代本例中的整数进行运算，当然前提是这些自定义类型必须要能支持相应的运算(+ – * /)或者自定义运算方式。

10.2 预定义函数对象

C++ STL 预定义的函数对象都位于头文件<functional>中。函数对象可以是仿函数functor，也可以是普通函数。仿函数是指那些定义了 operator()的类所定义的对象，这些对象的行为类似于函数。STL 预定义的函数对象都是类模板而非普通函数，这样做的优点在于：

(1) 时间效率通常比普通函数高(inline 展开函数)。

(2) 对象作函数参数，若干成员变量可以存储数据，不用传递。

(3) 作为函数参数，使用更简便。

STL 的通用算法需要两种类型的函数对象，即包含一个参数的一元函数对象和包含两个参数的二元函数对象。这些返回 bool 值的函数对象以及普通函数可以以函数谓词的形式传递给通用算法，从而使得算法可以被定制，按照具体的需求进行适当的修改。下面具体加以介绍。

1. 一元函数基类 Unary_function

Unary_function 是标准一元函数对象的基类，其中通过 typedef 定义了两个公有数据成员用作模板参数。Unary_function 的定义如下所示：

```
template <class Arg, class Result>              //两个模板参数类型
struct unary_function {                          // C++ 的结构体就是类
    typedef Arg argument_type;                   //参数类型：任意具体类型
    typedef Result result_type;                  //结果类型：任意具体类型
};//默认权限：public
```

通常，具体的一元函数对象类继承 unary_function 之后，还需要实现 operator()成员函数，才能用于定义一个真正可用的一元函数对象。例如：

```
template<class T>
class STLfun:public unary_function<T,bool>       //一个参数，一元
{
public:
   bool operator()(T elem)                       //重载 operator()
   {
      return (elem>0);
   }
};
```

类模板 STLfun 继承 unary_function 并重定义 operator()，若参数 elem>0 则返回 true，否则返回 false。

2. 二元函数基类 binary_function

binary_function 是标准库中二元函数类的基类，其中主要定义了二元函数类中用到的参数类型。binary_function 的定义如下所示：

```
template <class Arg1, class Arg2, class Result>
struct binary_function {
    typedef Arg1 first_argument_type;              //第一个参数的类型
    typedef Arg2 second_argument_type;             //第二个参数的类型
    typedef Result result_type;                    //结果类型
};
```

3. 使用函数对象

在 STL 算法中使用函数对象时要注意以下几点：

(1) 函数对象是作为算法的参数来使用的。一般来讲，函数对象都出现在算法的最后一个参数位置。

(2) 调用函数对象前先要明确算法对函数对象参数个数的具体要求，在 STL 中要注意区分是一元函数对象还是二元函数对象。

(3) 可以直接选用系统预定义的函数对象，也可自行编写函数对象。

下面通过例程 10-2 说明一元函数对象的多种创建与使用方法。

例程 10-2　一元函数对象的创建与使用

```
#include <iostream>
#include <string>                                  // ShowArray
#include <vector>
#include <algorithm>
#include <numeric>                                 //数值算法：iota
using namespace std ;
template<class T>
void    display(string name, T& container)         //遍历输出容器元素
{
  cout<<name;
  typename T::iterator it ;
  for(it=container.begin();    it !=container.end();    it++)
       cout<<*it<<"";
  cout<<endl;
}
template<class T=void>
class    STLfun:    public unary_function<T, bool>    //一元函数类
{
public:                                            // STL 继承方式
    bool operator()(T elem)                        //重载()
    {
        return (elem<-1);
    }
```

```
};
template<class T>
class  myfun                                        //非继承方式
{
public:
    bool  operator()(T elem)                        //重载()
    {
        return (elem<0);
    }
};
bool greater1(int value)                            //普通函数方式
{
    return value<1;
}
int main()
{
    //初始化 v
    const int N=6;    int a[N];
    iota(a, a+N, -3);                               //递增序列
    random_shuffle(a, a+N);
    vector<int>v(a, a+N);
    display("v:", v);

    //利用 STLfun 创建无名函数对象，移除 v 中<-1 的元素
    vector<int>::iterator  new_end;
    new_end=remove_if(v.begin(), v.end(), STLfun<int>());
    v.erase(new_end, v.end());
    display("v:", v);

    myfun<int>fun;                                  //创建函数对象
    new_end=remove_if(v.begin(), v.end(), fun);
    v.erase(new_end, v.end());
    display("v:", v);

    //普通函数作为谓词传递给算法
    new_end=remove_if(v.begin(), v.end(), greater1);
    v.erase(new_end, v.end());
    display("v:", v);
    system("pause");
```

```
}
```

程序输出：

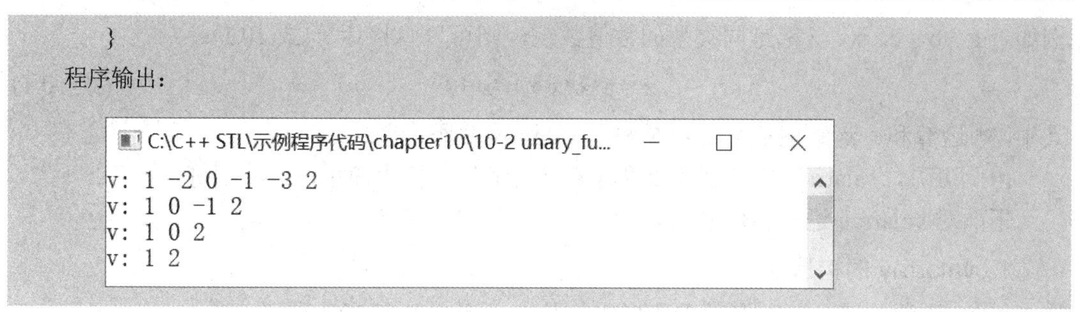

C:\C++ STL\示例程序代码\chapter10\10-2 unary_fu...
v: 1 -2 0 -1 -3 2
v: 1 0 -1 2
v: 1 0 2
v: 1 2

例程 10.2 用三种不同的方式定义了三个函数对象，分别是继承自 unary_function 的 STLfun 类模板、普通类模板 myfun 以及普通函数 greater1。三者都能作为函数谓词使用，区别在于内部所定义的条件不同。在算法 remove_if 中将三者用作函数谓词，分别移除了 vector 容器对象 v 中小于 –1、小于 0 和小于 1 的元素。

虽然我们能够自定义函数对象，但在编程实践中更多还是直接使用 STL 提供的预定义函数对象，这些定义在头文件<functional>中的函数对象如表 10.2 所示。

表 10.2　C++STL 中的预定义函数对象

分　类	名　　称	类　型	结　　果
算术运算	加法：plus<T>()	二元	arg1 + arg2
	减法：minus<T>()		arg1 - arg2
	乘法：multiples<T>()		arg1 * arg2
	除法：divides<T>()		arg1 / arg2
	取余：modules<T>()		arg1 % arg2
	取反：negate<T>()	一元	- arg1
比较运算谓词	等于：equal_to<T>()	二元	arg1 == arg2
	不等于：not_equal_to<T>()		arg1 != arg2
	大于：greater<T>()		arg1 > arg2
	大于等于：greater_equal<T>()		arg1 >= arg2
	小于：less<T>()		arg1 < arg2
	小于等于：less_equal<T>()		arg1 <= arg2
逻辑运算谓词	与：logical_and<T>()		arg1 && arg2
	或：logical_or<T>()		arg1 || arg2
	非：logical_not<T>()		! arg1

10.3　数值数组类 valarray

C++ 标准库专门为数值计算设计了 valarray 类。与标准容器与泛型算法的设计目的不同，valarray 设计的目的是为了在处理数值数组时能充分发挥计算机的计算能力，以获得最佳性能。valarray 数值数组的下标从 0 开始，都是以数值数组的整体或部分进行处理的，例如若 a、b、c、x、z 都是同类型的数值数组，则可以直接运算(式 10.1)：

$$z = a*x*x + b*x + c \quad (式\ 10.1)$$

其中，* 运算和 + 运算的运算对象是整个 valarray 数组。

由此可见，valarray 对于数值计算做了专门优化，使用简单，性能很好。

下面对 valarray 进行具体介绍。

1. valarray 的构造

valarray 的构造函数有多种重载形式，其定义形式如表 10.3 所示。

表 10.3　valarray 构造函数重载形式

构造方法	调用形式	构造结果
默认构造(default)	valarray()	size=0，空对象
设置大小(size)	explicit valarray(size_t n);	size=n，元素默认值
填充(fill)	valarray (const T& val, size_t n);	size=n，元素值=val
数组初始化(array)	valarray (const T* p, size_t n);	size=n，元素值等于 p 所指向的数组值
拷贝初始化	valarray (const valarray& x);	拷贝 valarray 对象的 x 值
子集初始化	valarray (const slice_array<T>& sub); valarray (const gslice_array<T>& sub); valarray (const mask_array<T>& sub); valarray (const indirect_array<T>& sub);	利用四个辅助类取出对应 valarray 对象的子集后返回

下面通过例程 10-3 对 valarray 的构造方法加以说明：

例程 10-3　valarray 的构造方法

```
#include <string>
#include <valarray>
#include <iostream>
using namespace std;

template<class T>
void ShowValArr(string name, T& va)
{ cout<<name;
  for(int i=0; i<va.size(); i++)    cout<<va[i]<<"";
  cout<<endl;
}                                   //随机访问，没有 at()，不支持迭代器

int main()
{
  int N=5;
  valarray<int> va1;
```

```
    cout<<"va1.size()= "<<va1.size()<<endl;
    valarray<int>va2(N);                               // 6 个元素，初值=0
    ShowValArr("va2:", va2);
    for(int i=0; i<va2.size(); i++) va2[i]=2*i+1;
    ShowValArr("va2:", va2);
    va1=va2;                                           //空间自动增加
    ShowValArr("va1:", va1);
    valarray<float> va3(2-0.5, N-2);                   //初值 1.5，顺序与容器不同
    ShowValArr("va3:", va3);
    valarray<float> va4(va3);
    ShowValArr("va4:", va4);
    //valarray<int> va5(va3.begin(), va3.end());       // error 不支持迭代器
    float a[4]={1, 2, 3, 4};
    valarray<float> va5(a+1, 3);                       // error: va5(a+1, a+3)
    ShowValArr("va5:", va5);
    //valarray<float> va6(va4, 3);                     // error
    system("pause");
}
```

程序输出：

```
C:\C++ STL\示例程序代码\chapter10\10-3 valarray ...
va1.size()= 0
va2: 0 0 0 0 0
va2: 1 3 5 7 9
va1: 1 3 5 7 9
va3: 1.5 1.5 1.5
va4: 1.5 1.5 1.5
va5: 2 3 4
```

例程 10-3 采用多种初始化方式构造 valarray 对象。要注意在利用数组初始化 valarray 时，重载函数的第二个参数 n 表示个数而非位置，因此 valarray<float> va5(a+1, 3)表示用数组 a 从第二个元素开始的连续 3 个元素初始化 va5；而 valarray<float> va5(a+1, a+3)则是错误的语句，因为第二个参数 a+3 表示位置而非个数。

本例的一个遗留问题是，如何用一个 valarray 的一部分构造另一个 valarray？答案是采用子集初始化重载形式，这种形式需要用到 valarray 的四个辅助类模板，将在本节后续单独说明。

2. valarray 类的成员函数

valarray 类的成员函数默认以 valarray 的全部元素作为操作对象，主要包括：

1) apply()

```
valarray apply (T func(T)) const;
valarray apply (T func(const T&)) const;
```

将 valarray 中的每个元素取出后作为参数传递给函数 func，用 func 函数的返回值组成同样大小的 valarray 并返回。例如：

```
va = va.apply(myfun)
```

2) cshift()循环位移

```
valarray cshift (int n) const;
```

将 valarray 中的元素循环位移 n 个位置，n > 0 向左移位，n < 0 向右移位。移动时要首尾相接，循环移动，注意与 shift 位移的区别。例如：

```
va: 1, 2, 3, 4, 5
va = va.cshift(2);        //循环左移 2 位  结果：va: 3, 4, 5, 1, 2
va = va.cshift(-1);       //循环右移 1 位  结果：va: 2, 3, 4, 5, 1
```

3) shift()位移

```
valarray shift (int n) const;
```

将 valarray 中的元素位移 n 个位置，n>0 向左移位，n<0 向右移位；移出后补 0。例如：

```
va : 1, 2, 3, 4, 5
va = va.shift(2);         // va: 3, 4, 5, 0, 0
va = va.shift(-1);        // va: 0, 3, 4, 5, 0
```

4) max()/min()

```
T max() const;    返回 valarray 中的最大值
T min() const;    返回 valarray 中的最小值
```

5) swap()

```
void swap (valarray& x) noexcept;
```

交换当前 valarray 对象和 x 的内容，要求两个 valarray 对象内的元素类型一致，大小可以不同。swap 操作效率很高，可在一个常数时间完成交换。

6) sum()

```
T sum() const;
```

将 valarray 内的所有元素求和并返回结果。若 valarray 为空，则会导致未定义的行为。类型 T 必须支持 operator+=操作。

下面通过例程 10-4 说明上述成员函数的用法。

例程 10-4　valarray 成员函数的用法

```
#include <string>
#include <valarray>
#include <iostream>
using namespace std;

template<class T>
void ShowValArr(string name, T& va)
{
```

```
    cout<<name;
    for(int i=0; i<va.size(); i++)
        cout<<va[i]<<"";
    cout<<endl;
}                                       //随机访问，没有 at()，不支持迭代器

template<class T>
T func1(T elem )                        //函数模板
{   return 2*elem;   }                  //不支持函数对象和类成员函数

int main()
{
    double a[]={1, 2, 3, 4};
    int N=sizeof(a)/sizeof(double);
    valarray<double> va1(a, N);
    valarray<double> va2;
    ShowValArr("va1:", va1);
    va2=va1.apply(func1);               //应用 func1 对 va1 中的值*2 后赋给 va2
    ShowValArr("va2:", va2);
    valarray<double> va3;
    for(int i=0; i<4; i++)
    {
        va3=va2.cshift(i+1);            //对 va2 循环移位
        ShowValArr("va3:", va3);
    }
    va2=va2.shift(2);                   //对 va2 移位(左移 2 位，低位补 0)
    ShowValArr("va2:", va2);
    cout<<"交换 va2 与 va3："<<endl;
    va2.swap(va3);
    ShowValArr("va2:", va2);
    ShowValArr("va3:", va3);
    va3.free();                         // free 后 va3 的 size 为 0
    cout<<"va3.size()="<<va3.size()<<endl;
    //va3.free() 等价于 va3=valarray<double>();
    double maxVal, minVal, sum;
    maxVal=va2.max();     cout<<"va2.max()= "<<maxVal<<endl;
    minVal=va2.min();     cout<<"va2.min()= "<<minVal<<endl;
    sum=va2.sum();        cout<<"va2.sum()= "<<sum<<endl;
    system("pause");
```

```
}
```

程序输出：

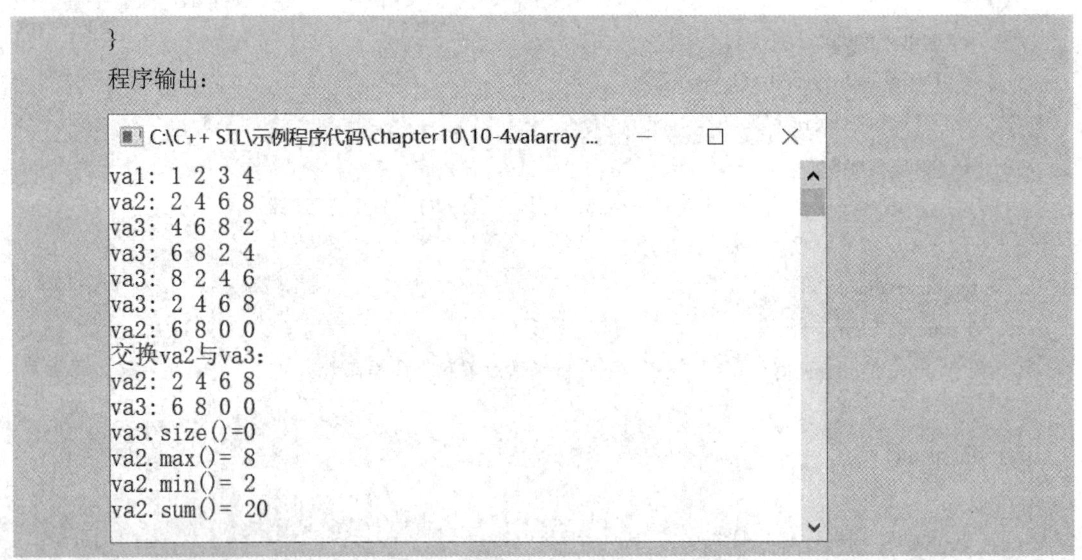

读者在阅读例程 10-4 时要注意的是：valarray 的成员函数应用于所有的 valarray 元素上，是进行整体的操作，因此这些成员函数的参数中都没有类似标准容器中的迭代器等参数。此外，还要注意成员 cshift(循环移位)与 shift(移位)之间的差异。

3. valarray 的操作符 operator

每一个 valarray 单目运算符的作用对象都是 valarray 的所有元素。对于双目运算符而言，若运算符两侧都是 valarray 对象，则这两个 valarray 的大小和元素类型必须相同，运算符作用于两个 valarray 的对应元素之间；若运算符一侧是 valarray 对象而另一侧是一个值 val，则将 valarray 的全体元素与该值 val 进行运算。操作符运算后的返回值也是一个 valarray 数组，存放了对应元素的运算结果。

Valarray 所支持的操作符包括：

- 符号运算：-取反。
- 算术运算：+=　-=　*=　/=　%=　=表示赋值，也可不赋值单独使用。
- 比较运算：==　!=　>>=　<<=　　返回 valarray<bool>对应元素的比较结果。
- 逻辑运算：！　||　&&　　返回 valarray<bool>对应元素的逻辑运算结果。
- 位运算：&=位与，|= 位或，^= 位异或，>>= 右移，<<= 左移，~ 位反。

下面通过例程 10-5 说明 valarray 操作符的基本用法。

例程 10-5　valarray 操作符

```
#include <string>
#include <valarray>
#include <iostream>
using namespace std;
template<class T>
void ShowValArr(string name, T& va)
{ cout<<name;
```

```
    for(int i=0; i<va.size(); i++)    cout<<va[i]<<"";
    cout<<endl;
}        //随机访问，没有 at()，不支持迭代器

int main()
{
    double a1[]={1, 2, 3, 2}, a2[]={0, -1, -2, 3};
    valarray<double> va1(a1, 4), va2(a2, 4);
    valarray<double> va3;
    ShowValArr("va1:", va1);
    ShowValArr("va2:", va2);
    va3=va1+2.0;             ShowValArr("va3:", va3);          //算术运算
    va3= -va3;               ShowValArr("va3:", va3);          //取反
    va3 *= va2;              ShowValArr("va3:", va3);          //算术
    valarray<bool> bva;
    bva= va1>va2;            ShowValArr("bva:", bva);          //比较
    bva=!(va1 && va2);    ShowValArr("bva:", bva);          //逻辑
    system("pause");
}
```

程序输出：

```
C:\C++ STL\示例程序代码\chapter10\10-5 valarray ...
va1: 1 2 3 2
va2: 0 -1 -2 3
va3: 3 4 5 4
va3: -3 -4 -5 -4
va3: -0 4 10 -12
bva: 1 1 1 0
bva: 1 0 0 0
```

直观看来，valarray 的运算符及其用法跟基本类型数据的用法是类似的，区别就在于 valarray 的运算符都是对 valarray 对象的每个单独元素应用操作，因此在进行加减乘除等双目运算时，需要保证参与的双方(两个 valarray 对象)大小一致，这样才能满足一一对应的关系。

4. valarray 的数学函数运算

C++向下兼容 C 语言，C++的 cmath 数学函数库继承于 C 语言的<math.h>头文件，cstlib 函数库继承于 C 语言的<stdlib.h>头文件。此外，C++通过对函数的一些数据类型进行重载，使得这些数学函数能够用于多种数据类型。

大多数来自<cmath>的数学函数都进行了重载(overload)，使之支持 valarray 作为函数参数。在运算时，将 valarray 数组的每个元素作为参数传给数学函数，并将运算结果以一个 valarray 数组的形式返回，这些数学函数包括常用的 abs、acos、asin、atan、cos、exp、log、pow、sin、sqrt、tan、tanh 等。

例如，pow()函数改写成函数模板 pow，如下所示：

```
template<class T>               //函数模板
valarray<T> pow (               //计算 x^y，返回 valarray
const valarray<T>& x,           //构成底数 x
const valarray<T>& y);          //构成指数 y
```

pow 函数支持 valarray 对象构成底数和指数，其中底数部分可以是一常数，指数部分也可以是一常数，由此可得到 pow 的另外两种形式：

```
template<class T> valarray<T> pow (const valarray<T>& x, const T& y);
template<class T> valarray<T> pow (const T& x, const valarray<T>& y);
```

下面通过例程 10-6 说明如何在数学函数中应用 valarray 作为数据对象。

例程 10-6　valarray 的数学函数运算

```
#include <string>
#include <valarray>
#include <iostream>
using namespace std;
template<class T>
void ShowValArr(string name, T& va)
{
    cout<<name;
    for(int i=0; i<va.size(); i++)
        cout<<va[i]<<"";
    cout<<endl;
}       //随机访问，没有 at()，不支持迭代器

int main()
{
    double a1[]={4, 3, 1, 2}, a2[]={0, -2, -3, 4};
    valarray<double> va1(a1, 4), va2(a2, 4);
    valarray<double> va3;
    va2=abs(va2);
    ShowValArr("va1:", va1);
    ShowValArr("va2:", va2);
    va3=pow(va1,va2);           ShowValArr("va3:", va3);
    va3=pow(va2,va1);           ShowValArr("va3:", va3);
    va3=pow(va1, 2.0);          ShowValArr("va3:", va3);
    va3=pow(-2.0, va2);         ShowValArr("va3:", va3);
    system("pause");
}
```

运算结果：

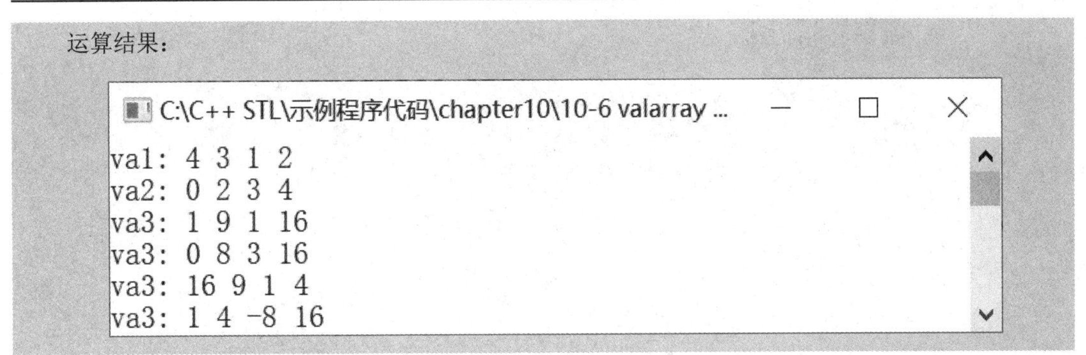

从例程 10-6 可见，可以非常方便地在数学函数中使用 valarray 对象作为参数，依据实际数学函数对参数个数的要求，从相应的 valarray 中取出对应元素进行组合后运算，运算结果以 valarray 的形式返回。

5. valarray 的子集

到目前为止，所有基于 valarray 的操作和运算都是以 valarray 对象的全体元素作为运算数据进行的。若仅需要部分数据参与运算，就要得到 valarray 的子集。这些子集可以通过定义在 valarray 头文件中的 4 个辅助类模板 gslice_array、indirect_array、mask_array 和 slice_array 来表达。这四个类模板用于存放从 valarray 中提取出的临时数据(子集)；不能在程序中直接使用，必须与 valarray 建立联系才有意义。

1) slice_array 类：一维切片

slice 对象通过三个参数定义了在 valarray 中的一个子集，第一个参数表示从 valarray 中抽取的第一个元素下标，第二个参数表示抽取元素的个数，第三个参数表示抽取元素之间的间距。如果 valarray 在逻辑上表示一个二维矩阵，则 slice 抽取的就是这个二维矩阵的一维切片，得到一个向量。slice 的构造函数定义如下所示：

```
slice(
size_t _StartIndex,              //切片起始下标
size_t _len,                     //切片个数
size_t _Stride);                 //切片间距
```

下面通过例程 10-7 给出了一维切片的示例。

例程 10-7　valarray 的一维切片构造

```
#include <string>
#include <iostream>
#include <valarray>
#include <algorithm>
using namespace std;

template<class T>
void ShowValArr(string name, T& va)
{
    cout<<name;
```

```
    for(int i=0; i<va.size(); i++)
        cout<<va[i]<<"";
    cout<<endl;
}       //随机访问，没有 at()，valarray 不支持迭代器

int main()
{
    int N=8;
    valarray<double> va1(N), va2;
    double* p=&va1[0];                              //定义元素指针
    for(int i=0; i<N; i++)    { *p=i+1;    p++; }   //允许指针解引用
    // for(int i=0; i<10; i++)     va1[i]= i+1;     //允许下标访问
    ShowValArr("va1:", va1);
    va2=va1;    p=&va2[0];                          //注意：valarray 无 begin(),end()
    random_shuffle(p, p+N-3);                       //随机打乱 va2 的前 5 个元素
    //内部数据类型：迭代器就是指针
    ShowValArr("va2:", va2);
    Valarray<double>va3(va1[slice(1, 4, 2)]);       // va3:va1 的一个切片
    ShowValArr("va3:", va3);

    valarray<double> va4(va1[slice(0, 4, 2)]);      // va4：va1 的另一个切片
    ShowValArr("va4:", va4);

    slice sl(1, 4, 2);                              //创建 slice 对象，上面的是无名对象
    va4=va1[sl];           ShowValArr("va4:", va4);
    va3=va1[slice()];
    ShowValArr("va3:", va3);
    system("pause");
}
```

程序输出：

```
C:\C++ STL\示例程序代码\chapter10\10-7 valarray...
va1: 1 2 3 4 5 6 7 8
va2: 5 2 4 3 1 6 7 8
va3: 2 4 6 8
va4: 1 3 5 7
va4: 2 4 6 8
va3: 2 4 6 8
```

从例程 10-7 可以看到构建切片的基本方法，语句 va3(va1[slice(1,4,2)])用于表达从 va1 中抽取一组数据，这组数据的起始下标是 1；总共抽取 4 个数据，每次间隔 2 个数，因此

得到的数据分别是 2468；这些数据是 va1 的一个子集，最后再将 2468 赋值给 va3。STL 中并没有提供矩阵类，但可以把一个 valarray 看作一个二维矩阵，此时的 slice 就能从“矩阵”中抽取一个向量出来，从而构造各种矩阵算法。valarray 的二维表达与 slice 一维切片的关系如图 10-1 所示。

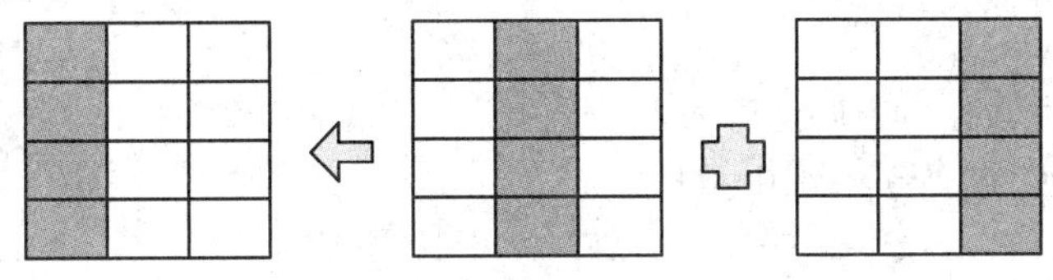

va[silce(0,4,3)]=va[silce(1,4,3)]+va[silce(2,4,3)]

图 10-1　valarray“矩阵”与一维切片

从逻辑上看，切片对应于二维矩阵的其中一列，其第一个参数表示第几列，第二个参数则对应于该二维矩阵的行数，第三个参数对应于二维矩阵的列数。

2) gsliceClass 类：多维切片

既然 slice 能够抽取 valarray 的一组元素构成一维切片，那么多次调用 slice 所得到的多个一维切片不就可以组合在一起形成一个二维切片了吗？因此，STL 定义了 gslice 类，其中 g 代表 general，意味着比 slice 更加通用，功能更强。gslice 的构造函数如下所示：

```
gslice();                                    //缺省参数，三个参数都为 0
gslice(
    size_t _StartIndex,                      //开始抽取元素下标
    const valarray<size_t>& _LenArray,       //抽取个数:valarray
    const valarray<size_t>& _IncArray        //抽取间隔:valarray
);
```

gslice 抽取元素的三个参数仍然分别对应起始位置、个数和间隔。只不过由于要多次抽取才能构成多维切片，因此抽取个数和抽取间隔不再是单一数字，而用一个 valarray 的数值序列所替代，这样就能为多次抽取提供所需的参数。下面先看例程 10-8，再结合例程去分析 gslice 的抽取过程。

例程 10-8　larray 的 gslice

```
#include <string>
#include <iostream>
#include <valarray>
using namespace std;
template<class T>
void ShowValArr(string name, T& va)
{
    cout<<name;
    for(int i=0; i<va.size(); i++)
        cout<<va[i]<<"";
    cout<<endl;
```

```
}        //随机访问，没有 at()，valarray 不支持迭代器

int main()
{
   int N=12;
   valarray<double> va(N), va_1, va_2;
   for(int i=0; i<N; i++)      va[i]= i+1;
   ShowValArr("", va);
   valarray<size_t> L1(4, 1);                  //1 个，初值 4
   valarray<unsigned int> S1(1, 1);            //1 个，初值 1
   //size_t 系统定义为 unsigned int
   ShowValArr("个数数值:", L1);
   ShowValArr("间距数值:", S1);
   gslice gs(0, L1, S1);              //定义对象
   va_1=va[gs];                       //抽取一维，由于 L1 和 S1 中只有一组数
   ShowValArr("一维数组:\n", va_1);
   cout<<"--------抽取二维----------\n";
   valarray<size_t> L2(2);            //个数数组
   valarray<size_t> S2(2);            //间隔数组
   L2[0]=4;      S2[0]=1;             //第一维：4 个元素，间距 1
   L2[1]=3;      S2[1]=4;             //第二维：3 个一维，间距 4
   //第二维的每个元素：一个一维数组
   //间距 4：每个元素(一维数组)相隔的元素个数
   ShowValArr("个数数组:", L2);
   ShowValArr("间距数组:", S2);
   va_2=va[gslice(0, L2, S2)];
   //0：第一个元素(一维数组)开始抽取位置
   ShowValArr("二维数组:\n", va_2);
   cout<<endl;   system("pause");
}
```

程序输出：

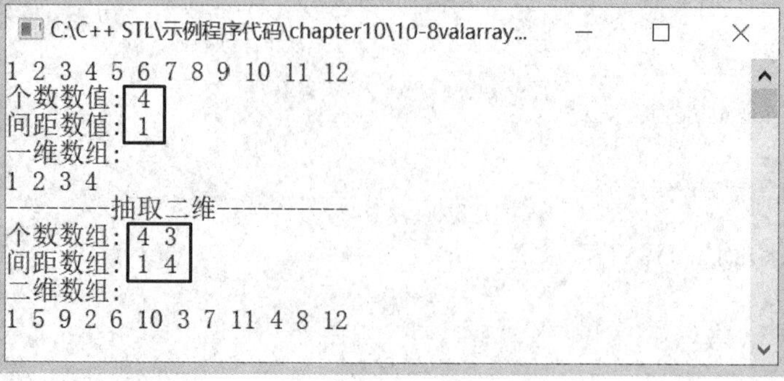

```
C:\C++ STL\示例程序代码\chapter10\10-8valarray...
1 2 3 4 5 6 7 8 9 10 11 12
个数数值: 4
间距数值: 1
一维数组:
1 2 3 4
--------抽取二维----------
个数数组: 4 3
间距数组: 1 4
二维数组:
1 5 9 2 6 10 3 7 11 4 8 12
```

要理解例程 10-8 中抽取二维数组的方法，其关键代码如下：

```
valarray<size_t> L2(2);          //个数数组
valarray<size_t> S2(2);          //间隔数组
L2[0]=4;          S2[0]=1;       //第一维：4 个元素，间距 1
L2[1]=3;     S2[1]=4;            //第二维：3 个一维，间距 4
va_2=va[gslice(0, L2, S2)];
```

第一次抽取：从 L2 和 S2 中取出第一个元素 L2[0]=4，S2[0]=1，与 gslice 的第一个参数 0 所确定的抽取起始位置构成一组抽取参数(0, 4, 1)，抽取得到 1、2、3、4 这 4 个数，每个数之间间隔 1。

第二次抽取：从 L2 和 S2 中取出第二个元素 L2[1]=3，S2[1]=4，作为抽取的个数和间距；然后再将前一轮(第一次)抽取的结果 1、2、3、4 作为第二次抽取的 4 个抽取起始位置，从而得到 4 组抽取参数：(1, 3, 4)(2, 3, 4)(3, 3, 4)(4, 3, 4)；分别表示从第 1 个数据开始抽取 3 个数，每个数之间间隔 4 个数(对应第一组的抽取参数 1、3、4)，得到 1、5、9；再从第 2 个数据开始抽取 3 个数，每个数之间间隔 4 个数(对应第二组的抽取参数 2、3、4)，得到 2、6、10；依此类推。

经过两轮的抽取，最终得到了 4 组结果：(1,5,9)(2,6,10)(3,7,11)(4,8,12)。这 4 组数据可以构成逻辑上的二维数组，如图 10-2 所示。

1	5	9
2	6	10
3	7	11
4	8	12

按行存储

图 10-2　gslice 抽取二维数组

最后，换一个角度来看 L2 和 S2，L2 的元素 4、3 分别对应二维数组的行数和列数，S2 的两个元素 1、4 则分别对应二维数组的列元素间隔和行元素间隔。有兴趣的读者可以进一步尝试利用 gslice 抽取三维数组。抽取三维数组是否可以在本例得到的二维数组基础之上去完成？抽取的个数 valarray 和间隔 varlarray 又怎样设置？

3) 条件子集 mask_array 类

mask 可以理解成掩模或者屏蔽，因此 mask_array 是通过屏蔽掉 valarray 中的部分元素来达到获得子集的目的的。mask_array 是内部类模板，用户不能直接使用，可以通过定义一个 valarray<bool>的对象作为掩模，与待处理的 valarray 对应元素进行运算。在掩模中，1 表示对应的元素被选取，0 表示对应的元素不选取。下面通过例程 10-9 说明 mask_array 算法的用法。

例程 10-9　alarray 条件子集

```
#include <string>
#include <iostream>
#include <valarray>
using namespace std;
```

```
template<class T>
void ShowValArr(string name, T& va)
{
    cout<<name;
    for(int i=0; i<va.size(); i++)
        cout<<va[i]<<"";
        cout<<endl;
}       //随机访问，没有 at()，valarray 不支持迭代器
int main()
{
    int N=9;
    valarray<double> va(N), va1, va2;
    for(int i=0; i<N; i++)
        va[i]= i;
    ShowValArr("va :", va);
    const int Nb=7;                                      //不大于它操作的 valarray 元素数
    bool B[Nb]={1, 1, 1, 1, 1};
    valarray<bool> mk(B, Nb);                            //屏蔽(掩模)1, 1, 1, 1, 1, 0, 0
    ShowValArr("mk :", mk);
    va1=va[mk];             ShowValArr("va1:", va1);
    va1[va1>=3.0]=20;       ShowValArr("va1:", va1);

    va2=va1[va1<5.0];       ShowValArr("va2:", va2);        //先挑
    va2+=2.0;               ShowValArr("va2:", va2);        //运算
    va1[va1<5.0]=va2;       ShowValArr("va1:", va1);        //赋回
    cout<<"va2 元素和: "<<va2.sum()<<endl;
    cout<<endl;
    system("pause");
}
```

程序输出：

```
C:\C++ STL\示例程序代码\chapter10\10-9 valarray ...
va : 0 1 2 3 4 5 6 7 8
mk : 1 1 1 1 1 0 0
va1: 0 1 2 3 4
va1: 0 1 2 20 20
va2: 0 1 2
va2: 2 3 4
va1: 2 3 4 20 20
va2元素和: 9
```

例程 10-9 中所定义的掩膜 mk：valarray<bool> mk(B, Nb);为 1111100，因此选取了 va 中的前 5 个数据 0、1、2、3、4。除此之外，也可以通过在 va 的[ ]中指定条件来选取部分满足条件的元素，例如语句 va1[va1>=3.0]=20;就表示给 va1 中值大于 3.0 的元素重新赋值为 20。

4) 索引子集 indirect_array 类

条件子集通过掩码来确定被抽取的元素，索引子集则通过给出元素索引(下标)来确定抽取的元素。下面通过例程 10-10 来说明 indirect_array 算法的用法。

例程 10-10　索引子集用法示例

```
#include <string>
#include <iostream>
#include <valarray>
using namespace std;
template<class T>
void ShowValArr(string name, T& va)
{
    cout<<name;
    for(int i=0; i<va.size(); i++)
        cout<<va[i]<<"";
        cout<<endl;
}                                  //随机访问，没有 at()，valarray 不支持迭代器
int main()
{
    int Na=8;
    valarray<double> va(Na), va1, va2;
    for(int i=0; i<Na; i++)
        va[i]= i+1;
    ShowValArr("va:   ", va);
    const int Ni=6;                    //不大于它操作的 valarray 元素数
    unsigned dex[Ni]={1, 1, 3, 2};     //不排序，可重复
    valarray<size_t> vi(dex, Ni);      //索引向量
    ShowValArr("vi:   ", vi);
    va1 = va[vi];
    ShowValArr("va1:", va1);
    valarray<bool>mask(1, 6);
    ShowValArr("mask:", mask);
    va2=va[mask];
    ShowValArr("va2:", va2);
```

```
        va2=pow(va2, va1);
        ShowValArr("pow(va2, va1):\n        ", va2);
        cout<<endl;     system("pause");
    }
```

程序输出：

```
C:\C++ STL\示例程序代码\chapter10\10-10valarray...
va:  1 2 3 4 5 6 7 8
vi:  1 1 3 2 0 0
va1: 2 2 4 3 1 1
mask:1 1 1 1 1 1
va2: 1 2 3 4 5 6
pow(va2, va1):
     1 4 81 64 5 6
```

例程 10-10，首先构建索引向量 vi 并设置 vi 的值为 1、1、3、2、0、0。要注意 vi 的 size(size=6)不能大于对应的 valarray 对象 va 的 size(size=8)；接下来语句 va1 = va[vi]; 表示从 va 中按照向量 vi 所设置的索引值抽取对应元素，va 的值是 1、2、3、4、5、6、7、8，因此依次抽取索引(下标)值为 1、1、3、2、0、0 的元素 2、2、4、3、1、1，最后返回抽取结果给 va1。

本章小结

本章主要介绍了标准库中与数值计算相关的类和算法。C++ STL 在<numeric>头文件中定义了 5 个数值算法，分别为递增填充算法 iota、累加和算法 accumulate、序列和算法 partial_sum、内积算法 inner_product 和计算相邻差算法 adjacent_difference。这些算法都是泛型算法，允许使用迭代器，适用范围广。同时，C++STL 还专门为大量的数值计算设计了 valarray 类，并对 valarray 作了专门的优化，使得 valarray 在进行数值处理时的性能更好，使用更简单。本章对 valarray 的构造、成员函数以及求取子集的方法进行了阐述，尤其是利用四个辅助类模板(slice_array、gslice_array、mask_array 和 indirect_array)抽取子集的方法。最后，本章还介绍了系统预定义的函数对象，这些定义在头文件<functional>中的函数对象按照参数个数分成一元函数对象和二元函数对象。它们与泛型算法结合使用，可以改变算法的默认操作，增加算法的灵活性。

课后习题

一、概念理解题

1. STL 的数值算法定义在哪个头文件中？主要包含哪几个算法？

2. STL 的预定义函数对象定义在哪个头文件中？是以什么形式提供的？

3. 在面对大量数值数据时，可以采用传统数组也可以利用数值数组类来进行处理，二者的差别在哪里？为什么数值数组类更具有优势？

4. 什么是 STL 中的“函数对象”？如何定义和使用函数对象？函数对象与仿函数、函数谓词、比较函数等概念有何区别与联系？

二、上机练习题

1. 理解本章所有例题并上机练习，回答提出的问题并说明理由。

2. 编写程序读取一个包含 24 个整数的数值数组，分成 4 行 6 列；然后计算每行每列的数字之和，并将计算出来的和挨着各自的行列放置，最后输出结果，结果形式如图 10-3 所示。

```
                        | sum
----------------------------
4  3  7  8  2  2        | 26
2  1  0  7  8  1        | 19
4  5  2  6  9  0        | 26
1  3  2  4  1  5        | 16
----------------------------
11 12 11 25 20 8        | 87
```

图 10-3　题 2 图

3. 在<functional>头文件中还定义了一类“函数适配器”，可以用于对预定义函数对象进行改造，使之适配更多的应用。其中 bind2nd 函数模板的定义形式如下：

```
template <class Operation, class T>
binder2nd<Operation> bind2nd (const Operation& op, const T& x);
```

该函数适配器可以通过将二元函数对象的第二个参数绑定为一个固定值 X，从而获得并返回一个一元函数对象，例如：bind2nd(less<int>(),0)就通过将 less<int>()的第二个参数绑定为 0 而获得了条件为“argument1<0”的一元函数对象。请阅读下列程序，写出允许结果并上机验证。

```
#include <iostream>
#include <functional>
#include <algorithm>
using namespace std;

int main () {
    int a[] = {1, -2, -3, 4, -7};
    int cn;
    cn = count_if ( a, a+5, bind2nd(less<int>(),0) );
    cout <<"There are "<< cn <<" negative elements.\n";
    return 0;
}
```

4. 整型数都有各自的取值范围。但若遇到超大整数的运算时，系统提供的 int 与 long 就不够用了，此时可以将整数各位的数字保存到一个容器中，再进行运算。请编写一个用于大整型无符号数加法、乘法的类。

5. 理解下列程序，写出运行结果并上机验证。

```
#include <iostream>          // std::cout
#include <functional>        // std::minus, std::divides
#include <numeric>           // std::inner_product
using namespace std;
int Accu (int x, int y) {return x-y;}
int Prod (int x, int y) {return x+y;}
int main () {
  int init = 20;
  int s1[] = {2, 4, 6, 8, 10};
  int s2[] = {1, 2, 3, 4, 5};
  cout <<"默认 inner_product: ";
  cout << inner_product(s1, s1+5, s2, init)<<endl;
  cout <<"系统函数对象 inner_product: ";
  cout << inner_product(s1, s1+5, s2, init, minus<int>(), divides<int>())<<endl;
  cout <<"自定义函数 inner_product: ";
  cout << inner_product(s1, s1+5, s2, init, Accu, Prod)<<endl;
  return 0;
}
```

6. 阅读下列程序，如何理解 not1(IsEven())？ 给出程序运行结果并上机验证。

```
#include <iostream>
#include <functional>        // not1
#include <algorithm>
using namespace std;
struct IsEven {
    bool operator() (const int& x) const {return x%2==0;}
    typedef int argument_type;
};
int main () {
    int values[] = {1, 2, 3, 4, 5};
    int n = count_if (values, values+5, not1(IsEven()));
    cout <<"There are "<< n <<" elements with Odd values.\n";
    return 0;
}
```

参 考 文 献

[1] 刘德山，金百东．C++ STL 基础及应用[M]．北京：清华大学出版社，2015.

[2] 侯捷．STL 源码剖析[M]．武汉：华中科技大学出版社，2002.

[3] 黄襄念，王晓明，周立章．C/C++ 单元实训案例教程[M]．西安：西安电子科技大学出版社，2015.

[4] 任哲，房红征，张永忠．C++ 泛型: STL 原理和应用[M]．北京：清华大学出版社，2016.

[5] 叶至军．C++ STL 开发技术导引[M]．北京：人民邮电出版社，2008.

[6] Lippman S B，Lajoie J，Moo B E. C++ Primer 中文版[M]．5 版．王刚，杨巨峰，译．北京：电子工业出版社，2013.

[7] 严蔚敏，吴伟民．数据结构（C 语言版）[M]．北京：清华大学出版社，2018.

[8] 严蔚敏，吴伟民，米宁．数据结构题集（C 语言版）[M]．北京：清华大学出版社，2018.